U1000041

林清玄

經典作品

天邊有一顆星星

人民文学出版社

林清玄
天边有一颗星星

© People's Literature Publishing House 2013

"林清玄经典作品系列"由人民文学出版社联合上海九久读书人文化实业有限公司共同策划。

本书由台北九歌出版社有限公司授权出版

著作权合同登记号图字　01-2012-5399
图书在版编目(CIP)数据

天边有一颗星星／林清玄著．—北京：人民文学出版社，2012
(林清玄经典作品系列)
ISBN 978-7-02-009579-7

Ⅰ.①天…　Ⅱ.①林…　Ⅲ.①人生哲学-文集
Ⅳ.①B821-53

中国版本图书馆 CIP 数据核字(2012)第 279205 号

特约策划：陶媛媛
责任编辑：杜　丽
封面设计：汪佳诗

出版发行　人民文学出版社
社　　址　北京市朝内大街 166 号
邮政编码　100705
网　　址　http://www.rw-cn.com
印　　制　山东德州新华印务有限责任公司
经　　销　全国新华书店等
字　　数　140 千字
开　　本　890×1240 毫米　1/32
印　　张　7.5
版　　次　2014 年 1 月北京第 1 版
印　　次　2014 年 1 月第 1 次印刷
书　　号　978-7-02-009579-7
定　　价　28.00 元

目　录

菩提的生活

从前有一颗星星

每个人都是一个宝瓶

缺憾还诸天地

当痛苦来临时

菩提书简

总序　乃敢与君绝

乃敢與君絕　林清玄

「我願意
与你相知，永遠相知，
和天命一樣長久，不斷絕也不衰退。
我永遠永遠不會離開你，
一直到
最高的山失去了棱線，化為平原；
一直到
全世界的江水都乾枯了，魚蝦死滅；
一直到
冬天打起了春雷，震天動地；
一直到
夏日下起了大雪，寒徹心扉；

我愿意

与你心心相印，永远相知，

和天命一样长久，不断绝也不衰退。

我永远永远不会离开你，

一直到

最高的山失去了棱线，化为平原；

一直到

全世界的江水都干枯了，鱼虾死灭；

一直到

冬天打起了春雷，震天动地；

一直到

夏日下起了大雪，寒彻心扉；

一直到

天地黏在一起，无日无夜，

一直到

这世界全部颠倒，

我才敢和你分离呀！

这是我最喜爱的一首古乐府诗（《上邪》）的译文，原文是这样子：

“上邪！我欲与君相知，长命无绝衰。山无陵，江水为竭，冬雷震震，夏雨雪，天地合，乃敢与君绝！”

我在少年时代第一次读到这首诗，是盛夏时节坐在漫天的凤凰树下，当时因为感动，全身不停颤抖。

天呀！在千年之前，就有一个少女为情爱立下如此坚强、如此惊天动地的誓言，这不只是“海枯石烂”，而是世界毁灭了。

即使世界崩毁，我爱你的心永远永远不会改变！是多么浪漫、热情、有力量，令人动容。

千年之后，放眼今世，还有几人能斩钉截铁地说出这么壮阔的誓言！

文学就是这样，短短的三十五个字，跨越时空，带着滚烫的热气，像是浓云中的闪电，到现在还让我们触电，仿佛看见一道强烈的闪光！

一句话也没说

这是最令人震动的情诗。

而最令人震动的爱情故事，我以为是司马相如和卓文君。

司马相如是汉朝的大才子，年轻的时候在梁孝王手下当文学侍从，当时写了《子虚赋》，闻名天下。梁孝王驾崩之后，他回到故乡成都，日子过得很艰难，几乎三餐不继。

临邛县令很欣赏司马相如，有一天，临邛的大富翁卓王孙宴客，县令邀请相如一起去参加。卓王孙家仅奴仆就有八百多人，庭园大到看不见边，说多豪华就有多豪华。

一身布衣的司马相如，完全无视于豪侈的景象，自在地喝酒、自在地散步，看见院中有一把古琴，就随兴坐下来弹琴，非常潇洒。

卓王孙的女儿卓文君在附近听见动人的琴声，跑过来看，看见司马相如一表人才，一见倾心。司马相如则是天雷勾动地火，立刻爱上卓文君。

两人四目相望，一句话也没说。

夜里，卓文君悄悄来找司马相如，司马相如牵起她的手，穿过豪华广大的庄园，走出气派雄浑的大门，连夜跑回成都去了。

他们一毛钱也没带，甚至没有一件多余的衣服。

为了生活，文君只好在街上当垆卖酒，而大才子司马相如则跑堂、打杂、洗碗碟。

夜里，偶而写写文章。

有一天，汉武帝偶然读到《子虚赋》，非常欣赏相如的才华，立刻派人到成都，把司马相如和卓文君接到长安，留在自己身边做官。

不用洗碗碟了，司马相如专心写作，后来又写了《上林赋》、《大人赋》、《长门赋》……成为西汉第一位伟大的文学家。

司马相如的文章就像他的爱情一样，恢宏、浪漫、壮美，令人目不暇接。

看看今天的人吧！谁有那样的勇气？一句话不说就能相守一生？第一次相见就为爱出走？对房子、车子、财富不屑一顾，只纯粹地去爱，去追寻。

读到司马相如和卓文君的爱情是在我的青年时代，时在阳明山，我在大雾弥漫的箭竹林里穿行，抬起头来，看着一只苍鹰在山与蓝天之边界，自在悠游。

我想着：如果有那么一天，我遇到一位一句话都不用说就能相守一生的人，我是不是能有司马相如那样一往无悔的勇气？我是不是能放下世俗的一切，大步向前？

经过三十年，我证明了自己也能一往无悔，大步向前！

那是因为我们都有文学的心，文学使我们不失去热情，有浪漫的情怀，愿意用一生去爱、去追寻、去完成更高的境界。

志在千里，壮心不已

历史上，最被人误解的文学家，应该是曹操。

由于《三国演义》把曹操写得狡诈，曹操就成为奸臣的代表，其实，他的才华远远胜过刘备和孙权，年轻的时候就立志结束分崩离析的乱世，使天下归于太平。

有一次，他出征打仗，路过渤海，站在碣石山上，看着浩瀚的大海，写了一首诗《观沧海》：

东临碣石，以观沧海。
水何澹澹，山岛竦峙。
树木丛生，百草丰茂。
秋风萧瑟，洪波涌起。

日月之行，若出其中。

星汉灿烂，若出其里。

幸甚至哉，歌以咏志！

看哪！那海上峙立的岛，是我的志向！那丰茂翠绿的草，是我的志向！那海上汹涌的巨浪，是我的志向！日月从海上升起，是我的志向！灿烂的星空倒映海里，是我的志向！我何其有幸看见这伟大的海洋，写一首歌来咏叹我的立志。

读到这首诗时，我刚步入中年，正在宜兰的海边，远望龟山岛，想到这个被误解千年的文学家曹操，他的胸怀是何等的宏伟巨大，如今读来，还让人震动！

因为心胸开展、意志坚决，曹操一直到老，仍有满腔热血，他说："老骥伏枥，志在千里，烈士暮年，壮心不已。"

由于他的文化素养，他教出两个了不起的儿子曹丕、曹植，父子三人被誉为"三曹"，是建安文学最经典的人物。

曹丕说得很好，他认为文章是经国的大业、不朽的盛事，人的寿命有限，富贵也如浮云，死后都会成空，只有文学会永垂不朽，具有长久的价值！

“三曹”去今久矣！但我们现在读到《观沧海》、《燕歌行》、《白马篇》、《洛神赋》，都还会感动不已！

我最喜欢曹丕说的“文以气为主”的见解，文学家都是不同的，各有性情和气质，文章风格自然不同，这是美好的事，不必抬高或贬低。

正如太康诗人左思说的：“贵者虽自贵，视之若埃尘。贱者虽自贱，重之若千钧!”文章的贵贱，谁分得清呢?

天地为之久低昂

杜甫偶然看见公孙大娘的弟子舞剑，感动不已，写下了《观公孙大娘弟子舞剑器行并序》：

昔有佳人公孙氏，一舞剑器动四方；
观者如山色沮丧，天地为之久低昂。
㸌如羿射九日落，矫如群帝骖龙翔。
来如雷霆收震怒，罢如江海凝清光。
……

读之，令人低徊不已，杜甫透过诗歌，把公孙大娘弟子舞剑时，那种气势、动作、伸展、优美、力道……写到了极处，动的时候，威猛强过雷霆，停的时候，仿佛江海都静止了，连天地都为之低徊不已。

透过文字与想象，我们感到不可思议的美！

假设，当时有录影机或手机，有人录下公孙大娘的舞剑，传到 YouTube 网上，我们看了，会有杜甫那样的感动吗？

肯定不会，因为五色已经令我们目盲了，过多的平面的影像，使我们的感觉匮乏了。不管多么惊人的影像，再也无法激起我们的感动，再也不能了！

被贬为江州司马的白居易，有一个秋天的夜晚，他在浔阳江头送别朋友，突然听见江上的船上传来一阵琵琶声，后来他写成一首感人的长诗《琵琶行》：

千呼万唤始出来，犹抱琵琶半遮面。

转轴拨弦三两声，未成曲调先有情。

弦弦掩抑声声思，似诉平生不得志。

低眉信手续续弹，说尽心中无限事。
轻拢慢捻抹复挑，初为霓裳后六幺。
大弦嘈嘈如急雨，小弦切切如私语。
嘈嘈切切错杂弹，大珠小珠落玉盘。
间关莺语花底滑，幽咽流泉冰下难。
冰泉冷涩弦凝绝，凝绝不通声暂歇。
别有幽愁暗恨生，此时无声胜有声。
银瓶乍破水浆迸，铁骑突出刀枪鸣。
曲终收拨当心画，四弦一声如裂帛。
东船西舫悄无言，唯见江心秋月白。
……

白居易把琵琶忽快忽慢、时高时低、有时停顿稍歇、有时奔放飞扬的节奏，写得淋漓尽致，光是一首《琵琶行》就有多少名句：“千呼万唤始出来”、“未成曲调先有情”、“大珠小珠落玉盘”、“此时无声胜有声”、“唯见江心秋月白”！

如果有人当场录了音，转录到网络上，任人下载，我们听了，会有白居易那样的感动吗？

肯定也不会，因为五音已经令我们耳聋了，太多的泛泛之声，靡靡之音，已经使我们的感觉僵化了，再也不会有天籁那样的感动，再也不会了！

五色、五音，还有五欲，已经使我们的心发狂，我们无法透过文学来验证我们的想象力。

文学没落并不是我们发狂的原因，但文学没落确实使我们的心灵为之枯寂！

一直向往远方

在一个贫困而单调的年代，我生长在偏远又平凡的农村，那个年代，还没有电脑和网络，甚至连电视电影都没有。那个农村，缺乏任何影音和娱乐。

陪伴我长大的，只有很少数的文学作品和书报。

文学的情怀，使我在很年少的时代，就感到像《诗经》古诗那样的深情，相信世上有永恒的情感。

文学的情怀，使我养成了纯粹的心灵，像司马相如一样，无视庸俗与豪奢，无忌流言与蜚语，勇于追寻，一往无悔。

文学的情怀，使我能立志，志在千里、壮心不已，从青年到老年，一直向往森林、海洋、云彩、天空与远方！

文学创作是我生命的宝藏，使我敢于与众不同，常抱感动的心！回观我写作的四十年，我很庆幸自己是一个作家，以爱为犁、以美为耙、以智慧为种子、以思想为养料，耕耘了一片又一片的田地。

那隐藏着的艰难、汗水与血泪，是很少人知悉的。

“上海九久读书人”与人民文学出版社计划推出我的系列作品，九歌出版社的朋友希望我写几句话，思及自己的文学因缘，不禁感慨系之。

我和创作，不会离别

去年秋天，清华大学创校一百周年，邀请我去演讲。

一个学生问我：“林老师，我们都知道您写了一百多本书，您有没有预计这辈子写多少书，您会写到什么时候?”

我告诉学生，我不知道今生会写几本书，但是，我知道我会写到离开世间的最后一刻。

我引用了《上邪》那首古老的诗：

山无陵，江水为竭，冬雷震震；
夏雨雪，天地合，乃敢与君绝！

文学创作就是我的“君”，除非世界绝灭，我和创作，不会离别。

二〇一一年初冬

台北外双溪清淳斋

一九九一年版自序

1

坐在仁爱路一家楼上咖啡屋，看着路上的菩提树叶子，一片一片地辞别枝桠，飘落下来，有时一阵风来，菩提叶竟漫天翻飞旋舞，在凋零中，有一种自在之美。

有几株落得早的菩提树已经增生新叶。菩提树的嫩叶介于鹅黄与粉红之间，在阳光下，美丽如水月，透明似琉璃。在晶明的落地窗前，看见菩提树的凋零与新叶，使我想起憨山大师的一首诗：

世界光如水月，
身心皎若琉璃。
但见冰消涧底，
不知春上花枝。

这凋零与新生，原是同一个世界，涧底的冰雪融化了，与春景里枝头的花开了，原是同样的美。或者，溪涧中的雪是滋润过花的雨水与露珠；也或者，那灿烂的花颜是吸了冰雪的乳汁而辉煌的吧！

一切因缘的雪融冰消或抽芽开花都是自然的，我们尽一切的努力也无法阻止一朵花的凋谢，因此，开花时看花开，凋谢时就欣赏花的飘零吧！我们尽一切努力，也不能使落下来的任何一片叶子回到枝头，因此要存着敬重与深情的心，对待大地这种无言的呈现。

在台北，年年看菩提叶子凋零，一晃眼竟是二十年了，我的心虽是如此澄澈宁和，今年不免有怅然之感。

那是因为今年的菩提树落叶太早了，我想是由于大旱的关系，据说三十年来没有像今年竟没有“入梅”的，梅雨不来，使得一切植物和人一样，有一种焦苦之情，植物自有它的因应之道，像菩提树就提早了整整一个月先落叶，报纸上说：不知道今年的菩提树为何这么早换装？

我知道，菩提树乃是以提早的凋零，来保护内在的生机，借着减少水分的散失，等待新芽抽长。这等待有些漫长，但前两天的一场雷雨过后，新叶就努力地怒生了，好像憋了许久的气消失，露出满脸的微笑与阳光。

早早地凋零，以面对三十年来最大的旱灾，于菩提树，这就是“转烦恼为菩提”了！

呀！亲爱的菩提树！我知道你的心情，是大慧禅师说的：“桶底脱时大地阔，命根断处碧潭清。”但是这首诗的下面两句是我的心情：“好将一点红炉雪，散作人间照夜灯。”这种心情，你能了解吗？

2

喝完咖啡，我沿着种满菩提树的仁爱路散步，到三四段[①]的地方，有我最喜欢的酒瓶椰子和松香树。

酒瓶椰子是象形的，一看就知道为什么叫酒瓶。松香树就有些难以会意，唯有靠近的人，在清晨空气极鲜甜极静谧的时候，闻到如松脂般的清香才能体验呀！

---

① 台北的道路标识。

那些酒瓶椰子树每棵都好看，有着不同的形状，身躯上则是一圈一圈围绕，那一圈一圈不是年轮，而是叶子，一年如果长四五片叶子，在椰子树上就会留下四五个圆圈。从前在乡下，我们从椰子树的圈圈，可以判断从前的年冬好坏。如果圆圈密生，间距很短，那一年的年冬是不佳的，表示雨水不足，风水不调。

在仁爱路的椰子树身上，我看到近十年来，台湾的风调雨顺。虽然，生活中或有不如人意的地方，社会里或有动荡与混乱，在自然环境而言，是十分平顺的。

其实，一棵树有时是象征了一个社会，如果树能长到三层楼高，至少表示天灾地变都不严重，台风与地震都还是在树可以耐受的程度里。

我站在椰子树下仰望，几乎看见了自己的心，看见了在风雨中挺立，在飘摇中不失去风姿的样子。

对于今年的旱象，我也并不特别担忧，那是因为我看见了椰子树与往年并没有异样，我深信，及时的雨很快就会来了。

3

仁爱路的安全岛上，不知何时，已成为麻雀、斑鸠、鸽子、白头翁聚集的地方，看它们忘情地在那里嬉戏唱歌、悠闲觅食，常使我看呆了，感觉到那些居住于城市的鸟雀与人有着相似的命运。

我们在城市里，空间是很小的，小到像马路中间的安全岛，人声车流在我们四周穿梭，但是倘使我们每天都为生活的忙碌而烦恼，我们几乎不能好好地活着。

让我们安闲下来，像一只鸟雀，在安全岛里沉思、散步、轻松一下，让生活还原成一种纯然的状态，松香树下、椰子林里、菩提树荫，或许不及森林里那样繁美，却也能闻知自然的消息，抬起头来，天空是蓝的，云是白的，偶尔有微风，偶尔有蝉鸣，心情安静下来的时候，一个小小的安全岛就有无限的天地。

百年世事空华，一片身心水月。来来！小麻雀！当我们心意柔软，体贴更深层的内在的时候，让汽车去奔驰，让世界去喧闹吧。我们的心安静下来，虽然我们都怀念山涧的溪流，但在心灵澄静的时候，即使在城市里，我们的心里也自有溪水淙淙。

云门禅师曾经写过这样的对联：

道人一样平怀处，日日是好日；

不断浇沃般若水，处处开莲华。

特别是在旱季的午后，人心的燥热一如气象，我们一定要给自己一些智慧之水，才不会被焦热的火焚烧。天天都是最好的日子，生活里到处都开着莲花，这看来是多么单纯的祝愿，却是大部分现代人遥不可及的，那是由于好日子要内心润泽，莲花要开在无染之水乡。

我在干旱的季节，保持心的润泽，我在污泥秽地，有一种无染的心情。

人生是如此渺小短暂，在菩提树的叶子、酒瓶椰子的圆圈以及麻雀的歌诵里，我们学习着欢喜与深思，不要寄情于不可知的未来吧！也不要悔恨过去曾经造作的业障吧！

活在现在，现在就是最好的一刻；活在清净，清净就是最好的解脱！

4

一个人走入菩提，就是从此刻走向清净之路吧！

想一想，佛陀在菩提树下看见清净晨星的那一刻，青年俊美的佛陀是有一种感性的胸怀，那种感性是润泽和不染的，充满了对悲苦生命的悯恕之情，也充满了对平凡生命的大爱。

那天边的一颗星星是一种象征，象征了人应该走向提升的、清净的、超越之路。

我们在夜里走到屋外，或在清晨推窗的时候，都有看见明星的经验，明星其实并不遥远，就如对生命的悯恕与大爱并不遥远，有缘有愿的人就会看见。

我们看不见近在掌边的明星，是由于我们不能时时思及佛陀坐在菩提树下的身影，他的身体不动如山，却是柔软饱满的；他的脸容坚定平宁，却带着生命最深情的微笑；他的眼眸高远深邃，却饱含对众生无比的博爱。

哪一颗星星是佛陀曾经看见的那一颗呢？经典里没有记载，但我在看到佛陀悟道的这一段时，就肯定了佛的悟道是感性的、动人的、充满热情与芬芳的。

当我们说自己在开始走入佛法，那是说我们已经知道了：从前有一颗星星，那颗星一直亮到现在。体验了佛法的光明，是说知道了：现在、此刻、如果我睁开心眼，也会看见那一颗星星。

5

这一册《天边有一颗星星》正是在表现这种感性的情怀。

这本书原来是由演讲稿集成，由于是演讲，所以不能像写文章一样，有准确的语言与优美的词章，但也由于是演讲，保持了口语的生动与随机的思维，相信是更容易接受的。

去年，洪建全基金会曾出版了一册我的演讲集《身心安顿》，得到了非常热烈的回响，出版界的朋友因此鼓励我把历年的演讲拿来出版，这样一来可以使更多的人分享演讲内容；二来可以因演讲集的出版，今后减少到各地演讲的场次。

《天边有一颗星星》是这系列演讲集中的第一本，大约是三年多前讲于“菩提园佛化艺术中心”的讲稿，感谢杨锦郁小姐费心整理，使这本书有了更简洁的面貌。也要特别感谢菩提园的纪显晔居士，如果没有他几年来不断的督促，就不会有这套演讲集了。

但愿读到本书的人都能得到一些欢喜，进而有欢喜之心，来面对这充满困顿的人世。

一九九一年六月

台北永吉路客寓

柔软心

经常有人问我："学佛的人最重要的是要做什么？可不可以用最简单的话让大家了解佛教？"其实，这个问题佛陀在很早以前就已经说过，他说："诸恶莫作，众善奉行，自净其意，是诸佛教。"这四句话将佛教的要义做了最简单、最明白的描述。我把大乘佛法的精神也化为简单的三句话，就是："自净其意，利他和乐，慈悲智慧。"我的答案并没有脱离佛陀的原意，只更强调佛教入世精神。在这三句话中，最重要的慈悲和智慧，也就是佛经常常讲的般若和菩提。因为只有真正慈悲的人才可以众善奉行，利他和乐；也只有真正智慧的人，才可以诸恶莫作，自净其意。

我们生活在这世界上，之所以还不能断除一切恶事，是由于还没有真实的智慧。我们之所以还没彻底实现一切善行，是由于还没有得到真实的慈悲。因此，我们可以说，佛教最重要的宝贝就是慈悲和智慧，尤其是在大乘的教化里，离开了慈悲和智慧，大乘佛教就一无所有。从前我写过的文章里，几乎每篇都在谈慈悲和智慧。有一个读者曾告诉我，他算过我的一本书里，光是慈悲和智慧这四个字就出现了一百多次，他觉得我有点唠叨，老是在谈论同样的问题，我告诉他："这不是唠叨，这叫做老婆心切。""老婆心切"是禅宗里的一句话，就好像你每天回到家里，太太、妈妈、祖母所讲的话一样，也许她们十年来所讲的话都一成不变，可是的确是重要的东西。

真实的慈悲弥足珍贵

我记得从小开始，每次我要出门时，妈妈一定会说："小心点！"后来，我开车了，出门她一定不忘说："开车要小心点！"我也每次都说："知道了。"今年过年，我回家探望妈妈，我在高中任教的哥哥说，他每天要到学校上课时，妈妈都会叮咛他："开车要小心点。"后来，他们两人就变得很有默契，每次他临出门，说完："妈，我要去上课了。"不到一秒钟，母子两人就会不约而同地说："开车要小心点。"

我还有一个弟弟在报社当记者，他每天要去上班时，我妈妈也会嘱咐他："开车要小心！"这就是"老婆心切"，同样的一句话为什么要一再重复，一再提醒？因为这是很重要的事情。

我们看大乘的佛经，每一部都告诉我们要有慈悲心，要有智慧，要戒定慧，要闻思修等等，为什么要一再重复呢？就是“老婆心切”，禅宗常常讲到“婆心”，也就是“老婆心切”的简称，一个人学佛有点心得时，就会变成老太婆一样的心情，看到别人都讲同样的话，就像妈妈一样，每天都要说：“开车要小心点。”

回过头来说：“慈悲智慧”这四个字真的非常重要，如果慈悲和智慧无法开启的话，学佛就有点白学了。当我讲到这四个字时，常想起妈妈叮咛的神情，也想到在这个世界上，最重要的东西莫过于生命，如果我们开车时，不小心丧了命，那就什么事也不用再谈了，同样的，如果一个佛教徒失去了悲和智，那么也别谈什么佛法了。因为失去了悲和智，就如同一个人失去生命，没有了下一步。

最近一两年，我经常感到很惶恐，那就是我在讲慈悲和智慧时，无法真实呈现它的面貌，所以自己在讲的时候感觉空空荡荡，别人听来也觉得不能落实，好像是老生常谈。听久了失去新鲜，慈悲和智慧也就失去它的意义，就像妈妈告诉你，“出门要小心。”你听了也就算了，开起车来照样横冲直撞，有时候撞得头破血流，才知道原来妈妈讲的话是从生命的体验中得到的。慈悲和智慧也是如此，虽然讲来平常，却是至关重要。

记得六七年前，我还在报社服务，那时候年轻，喜欢耍帅，就买了一部雷诺橘红色滚金边的跑车，当时那部跑车在台湾可说是独一无二。我每天开着快车到处乱跑。有一天，到乡下吃尾牙，带着酒意开车要回台北，由于酒醉又车速太快，很不幸撞倒路边两棵行道树，自己也撞得头破血流，下了车，我看到倒下的路树上面挂了一个牌子："此处车祸多，驾驶请小心。"当时，我心底非常懊恼，也想到从前开车经过此地时常常看到这个牌子，却没有特别的感觉，等到撞车后才知道，原来这个牌子非常重要。

所以，当我们在面临生命的困境、挫折、打击时，才知道智慧和慈悲的重要。也只有在学佛有点心得，并且在生命里受到很多愚蠢的折磨和刚强的教训时，才知道它不是空话，而是非常真实。然而，对于一个刚开始起步学习佛道的人来说，慈悲和智慧却是非常难理解的，为什么呢？其中有两个原因，第一，因为慈悲和智慧在外表难以检查，第二，慈悲和智慧在内心难以验证。

为什么外表上难以检查呢？举个例子，宋朝诗人苏东坡是一个虔诚的佛教徒，他有一个爱妾受到他的感化，也成为佛教徒，这个妾非常喜欢放生，也因此得到慈悲的名声。有一天，她又出外去放了很多生灵，累了一天回到家里，看到院子有一群蚂蚁正在吞噬掉落地上的糖，这个妾毫不犹豫地一脚抬起，将所有的蚂蚁全部踩死。苏东坡在一旁正好看见了，就对她说："你这样放生有什么用？你的心里根本没有生命和慈悲的观念。"他因此非常感叹说："真实的慈悲是非常困难的，在外表上难以检查。"也就是说，从外表上很难看出一个人是否慈悲。假定一个人乐捐一百万元，是不是就表示他很慈悲呢？不一定的。对家产上亿的人而言，布施一百万元就如同我们捐一百块是一样的，如果一个人只有一百块，却布施八十块，那么，他的慈悲比那些布施一百万元的富翁还要高超。我们在生活中经常看到这种例子。

有一次，我在忠孝东路统领百货公司前，看到有一个师父站在那里化缘，路过的人有的给他钱，有的没给，由于天气太热，这个师父站得满身大汗。我看到一个孩子手上拿着半杯汽水经过，他看到师父满头汗，便走到师父面前，将剩下的半杯汽水递给他，师父接过汽水后，并没有喝，继续托钵，那个孩子扯着他说："师父啊，你喝呀，你喝呀！"结果师父非常尴尬地一面托钵，一面喝着汽水。我看到这一幕很感动，因为这个孩子很慈悲，他的手里只有半杯汽水，在炎热的天气下，仍将汽水布施给师父，这便是真实的慈悲。

我们经常看到港片里有许多打打杀杀的英雄，这种影片里有一种公式化的角色，就是黑社会的头子，他们在表面上都是大慈善家，经常布施，得到慈悲的名声，可是，暗地里，却都在贩卖毒品，杀人放火，无所不为。这使我们知道一个小儿真实的慈悲比起虚伪的、外表看来很大的慈悲，还要珍贵得多。

慈悲不仅在外表上难以检查，连自己内心的慈悲都难以检验。譬如有时候我们检讨自己当天做了哪些好事时，可能想到当天买了一串玉兰花，卖玉兰花的妇人回家可以买一杯汽水给她儿子喝，或者是在街上给乞丐十块钱、供养师父一百块，想来自己好像满慈悲，其实，这些行为并不全然是慈悲，有的只是一种习惯，或者同情、施舍。这样的慈悲还比不上你在路上顺手捡起一根香蕉皮，以防有人滑倒；也不如你搬开一粒大石头，以免别人跌倒。

做为一个佛弟子，我们每天都要自问：“我是不是够慈悲?”像我自己，也没有肯定的答案，但是我们可以确定的一点是：如果有一个人天天说：“我已经够慈悲了，我真的很慈悲。”那么他的慈悲一定不够。我们应该常常问：“我是不是够慈悲?”答案是：“不够，我还要更慈悲一点。”

真正的智慧是无法看出来的

所谓智慧也和慈悲一样，在外表和内心都难以检查，智慧在“佛教”中称为般若，就是微妙、玄妙、奥妙的智慧，也可以说是三昧或伟大的空性。佛经里有一句话很有意思叫：“迦叶三昧，迦叶不知，阿难三昧，阿难不知。”迦叶尊者证得三昧时，他自己并不以为是最高境界，阿难尊者证得三昧时，也不以为自己已经证得了三昧。

佛教里曾经讲过一个故事，从前有个修行人叫阿难，他的修行非常精进，有一天他从中国北方到南方的普陀山去朝观世音菩萨，走到半路遇到另外两个也要去朝圣的师父，三个人就结伴往普陀山的路上走，走到半路不慎误入沙漠，三个人又渴、又饿、又累，其中一个人对另外一个人说："听说在某座山有个修行者叫阿难，修行很好，只要至心向他祈请，就可以有饭吃，我们现在坐下来开始专心念他的名字。"两人专心地一直念，果然涌现饭和水，就开始吃。阿难在旁边看了很奇怪，就问："为什么你们有饭吃，有水喝？"他们说："我们祈求一位伟大的修行者得到的。"阿难问："这位伟大的修行者住在哪座山？"他们说住在某某山。阿难一听，那不是我住的山吗？就问他们："那位修行者叫什么名字？"他们说："叫阿难。"阿难一听，那不是我吗？为什么他们念我的名字有饭吃，我自己却没有。其他两人便劝阿难念自己的名字，他就坐下来专心念自己的名字，果然有水可喝，有饭菜可吃。

读到这个故事真令人感动，阿难已经修行很好了，可是他从来都不觉得自己很好，还向自己祈求。我们在庙里常看到观世音菩萨的塑像，有的塑像的脖子上还戴着念珠，或者手上拿着念珠。有一次，苏东坡和佛印和尚走到一座庙里，看到观世音菩萨手里拿着一串念珠，他就问佛印和尚说：“观世音已经是菩萨了，手上为何还拿着念珠？”佛印回答说：“他在念菩萨。”苏东坡又问：“他在念哪一个菩萨？”佛印说：“他在念观世音菩萨。”苏东坡不解地问：“他自己是观世音菩萨，为什么还要念自己的名字？”佛印说：“求人不如求己呀！”这个故事也告诉我们，般若、空性、三昧这些东西都非常难以检验。

禅宗里有一个很重要的东西，就是师父的印可。譬如说一个人已经悟道了，却不知道自己是否真实地悟道，这时候就要去行脚，参访善知识。有时为了参访一个好老师，有时为了寻找一个得道的印可。为什么要印可？因为只有别人才能清楚看到你的般若、空性、三昧。所以大家不必怀疑自己是否有智慧、空性、三昧，不必经常想这些问题，因为这些答案不是思索可以得到的，只要努力修行就够了。

智慧不仅内在难以检验，从外表上，我们也看不出这个世界上谁最有智慧。常常有人跑来告诉我：“林清玄，从你的书看来，你实在是一个有智慧的人。”我听了很惭愧，回家后想到几个问题：第一，我的智慧还不够，不然别人怎么会那样轻易看出我的智慧，如果智慧很高的话，别人就看不出来。像南泉普愿禅师有一次到一个村庄去访问，走到村庄入口时，村长带了很多居民出来迎接，普愿禅师深感奇怪：“我要到哪里，从来不曾告诉过别人，你们怎么知道我要来，还出来迎接?”村长说：“因为昨晚土地公托梦给我，说你今天要来我们村庄，所以我特地出来迎接。”普愿禅师听了长叹一声：“哎，我的修行还不够，要不然怎么会被鬼神看见!”所以，当别人赞叹我们有智慧时，不要太高兴，别人能够轻易看出我们的智慧，表示我们的修行还不够。

我想到的第二个问题是：赞叹我有智慧的人一定比我还有智慧，不然怎能看出我的智慧？前几天，台中有一位姓许的居士听到我演讲的录音带，非常感动，一天早上，他六点就起床，发愿当天一定要见到我，于是从台中坐车上了台北，那时我住在桥仔头乡下，他找不到我，就跑到九歌出版社去问，出版社的人也不知道我在哪里。他便又跑到《福报》去问，《福报》的人告诉他我在乡下，他跟我通过电话后，便开着车到乡下来看我。他为什么要来看我呢？因为他从我的文章中感觉出我很穷困，他热情地对我说：“林清玄，你有什么需要就打电话给我，你需不需要房子、汽车？”我说：“不需要。”他说：“我刚才在外面看到你的汽车很旧了，我买一部新的给你。”我听了很感动，可是我觉得有旧车开也不错。为什么他觉得我需要这些东西？因为他很有钱，所以看出了我的穷困；若是一个人比我穷困，就会看出我很有钱。同样的道理，如果有一个人告诉你：“你怎么那样有智慧？”正表示他比你有智慧，不然怎可评断你呢？

第三个问题是：这个世界上许多人都很有智慧，可是他们却没有说出来让别人知道，不像我们有一点点的领悟和开启就想告诉别人，所以，当别人赞叹我们时，要怀着惭愧的心。

我想到的第四个问题是：我要学习阿难和尚的精神，不要让别人看出自己有何特殊，这才是真正的智慧，因为真正的智慧是一种空性，无法看出来的。

回想一下，我们经常讲慈悲和智慧，可是二者却很难检验，不仅凡夫如此，即使修行很高的师父，也很难检验自己的慈悲和智慧。我举一个例子，从前在西藏有一个高僧，大家都公认他的修行很好，这个高僧也是庙里的住持。有一天，他听到有一位大施主要到庙里来布施，心里非常高兴，想着大施主一来，一定会捐很多钱，他便可以将残破不堪的庙重建一番。为了给这位大施主良好的印象，他率领着庙里的师父刻意将环境打扫整洁。当打扫工作快结束时，这位高僧突然想起自己的动机，顿时非常惭愧，便抓起几把扫好的灰往庙里撒过去，然后走出了庙。

这个故事非常有启发性，即使像这样一位大家公认的高僧，也是到快打扫完时，才检验到自己的空性受到污染，何况是凡夫？所以，我常常在思考一个问题，那就是对于一个修行或者学佛的人而言，有什么简单的方法，可以用来验证自己的慈悲和智慧？同时要如何在自我反省中，开发智慧和慈悲？我自己认为有一个很简单的原则，那也就是我今天所要讲的题目：柔软心。

广大的心可以改变世界

一个人的心如果不够柔软，就无法检验自己的慈悲和智慧，反之，则可以检验内在和外在的东西。谈到柔软，大家的脑海里立刻会浮现很多事物，诸如莲花和剑兰的花瓣、天上的云、地上的草。柔软的东西会随着外面世界的舞动而动。若是刚强的话，便无法感受外面的风吹草动。

禅宗有一个故事：有一次，六祖慧能听到两个和尚在辩论，这两个和尚看到寺庙里的旗子在动，一个说："那是风动。"另一个说："那是幡动。"慧能说："不是风动，也不是幡动，而是仁者心动。"当他讲这句话时，正巧被一位在台上讲经的师父听到，立刻下台来请他上台去讲经。为什么不是风动，也不是幡动，而是仁者心动？风和幡都很柔软，但是有一个东西比这两样东西还柔软，那就是各位的心。心若是非常柔软的话，就可以简单地检视风和旗子的动；若是刚强的话，风动就是风动，旗动就是旗动，感受不出风向，所以心的柔软是很重要的，它可以用来检验慈悲的风和智慧的旗。

接下来的问题是：如何使心柔软，或开启柔软心？我自己归纳出几点开启柔软心的方法：第一，从心的广大来开启。经典或佛菩萨的说法告诉我们："心可以包容十方三世。"三世是无始劫以来的过去世、现在世和未来世。也就是说，广大的时空观点可以开启一个人的柔软心，最广大的时空观点是什么呢？我们知道当今的科学家已经研究出五度空间，分别是深度、广度、袤度、时间的空间、心的空间。如果一个人能够将这五度空间全部开启，就能有柔软的观点来看待这个世界。

一切的事物都可以用五度空间的观点来看，譬如天空又深、又广、又袤、又长久，并且可以和我们的心互动，大地和人也是一样。可是为什么有的人只有两度或三度空间，只能看到深、广和短暂的时间，无法开展时空的广度。

这个世界上有很多众生也无法知道五度空间，譬如蚂蚁只知道前进后退和左右两个空间，它无法抬头看天上，也无法离开地平线，所以它的眼睛里只有两度空间。还有一种生长在稻梗里的虫叫岷虫，这种虫只有一度空间，因为它在一辈子里从来没有离开过稻梗。像我很同情百货公司里的电梯服务员，虽然电梯在移动，可是她们整天都在电梯里，所以空间并没有改变。

因此，扩展心的广度对于心的柔软是有帮助的，而这一点是可以锻炼的，譬如当我们遇到事情时，若能退后一步，就能看到比较大的空间，如果我们往前看，便只能看到小空间。同时，要常常在静处看，在人潮中，若自己的心是安静的，便能做很好的观照。另外，还要从远处看。我常常说两句话：“捕鱼的渔夫是看不见海的，追鹿的猎师是看不见山的。”一个人要去捕鱼时，想的是鱼、捕的是鱼，没有心情抬起头来欣赏海上的风光。同样的，猎人每天在心里追杀鹿，心里装不下整座山，为什么？因为他们往往从小处、近处、动处来看，便无法柔软广大地来看这个世界。我们在生活中常常碰到一个问题，某些人被情侣抛弃后，会心存“我要死给他看，好让他痛苦一辈子”。然后就真的去自杀了，有的人从高楼跳下来，摔断了两条腿没有死，有的喝了农药，胃肠都烂掉了，仍被救活了。这样做不但没让对方痛苦，自己反而痛苦一辈子，因为他们都从小处、近处看，被外境所转动。我常常劝这样的人说：“这样做不会使对方痛苦一辈子，因为你的痛苦是控制在你的手里的，而别人的痛苦是由别人所主宰的，很可能你死了，他一个星期就复原，或者很高兴摆脱一个包袱，那么，你的死便完全没有意义。”由于我们的心不够广大，所以看不到事实，若能退后一步来看，也许会想：“幸好被这种人抛弃，以后我就能嫁娶更好的对象。”如此一想，天地便豁然开朗，心也变得柔软起来，可以包容伤害。

另外一个使心广大的方法是：对业、因缘、因果有一个好的看待。对于佛教徒而言，最严重的问题便是业无法超越，以及因缘、因果无法改变。我自己有时候在夜晚想到这个世界的业、因缘、因果，想得都会流泪，当我们看到这个世界上所有的人都在受苦、忧伤、挣扎、受困于业报时，会使我们不由得流下眼泪，佛教里说这种战栗为“身毛皆竖。”为什么呢？因为业是无法改变的。《地藏经》告诉我们：“骨肉至亲，不能代受。”是说地狱里每个人都很苦，即使在那里碰到爸爸妈妈，虽然有心承担他们的业，却不能如愿。《地藏经》又说：“骨肉至亲，无肯代受。”读到这里真令人感慨，如果“骨肉至亲，不能代受”，“骨肉至亲，无肯代受”，那么，我这么努力修行、清净自我，又有何用？这样一来，便使我们陷入业、因缘的困境，业和因缘的困境不仅是我们自我的，也是众生共同的困境。每当我陷入悲观时，就会不由自主地观照禅宗的公案。因为经典里告诉我们：“骨肉至亲，无肯代受。”可是禅宗里却提到有一个徒弟说：“我有业的束缚，该怎么办？”师父说：“你把业拿出来给我看看。”结果徒弟拿不出来，也就豁然开朗。禅告诉我们，在自性的光明里，业是了不可得的，人人都有光明的自性，人人的业也都可以了，不可得。

就这样一念之间，便可以让我们扫掉业和因缘的困境。

然而，这里面却又充满了矛盾，这种矛盾有时候是很难解的，经典把业讲得那么严肃，不能解脱："众生举止动念无不是业，无不是罪。"而禅宗却说，不管有多少业，"慧日一出，黑业立尽。"到底哪一个才是对的呢？

于是，我们便会思考起一个问题，那便是每个人的一生都很渺小，宛如一粒沙子，佛陀也说过，一个人就像恒河边的一粒沙子那般渺小。从业的观点来看，每一粒沙子都是独立存在的，和别的沙子毫无关系，所以，沙子只有自我清净的能力，无法去清洗旁边的沙子，也就是说，我们虽然很想度化爸爸妈妈、哥哥姐姐，可是我们没有能力去清洗他们，除非他们清洗自己。即使是最邻近的那一粒沙子，要清洗它都是不可能的，这就是业和因缘的观点，也是"骨肉至亲，不能代受"的观点，从这种观点，很可能发展出一种观念，那就是当我们打开报纸或电视，看到一个人将另一个人全身捅得像蜂窝时，有些佛教徒就会说："这都是业啊！是他前辈子欠他的，才会被杀掉。"每当我听到这种说法，忍不住会"身毛皆竖"，真的都是业吗？如果我们的观点只局限于业，因缘都只能累积，不能转化，那么就会产生一个很严重的问题，也就是使我们失去对被伤害者的悲悯，以及失去对伤害者的斥责。如此一来，我们不但失去悲悯心，同时也失去对恶质东西的反抗、失去了良知和正义感。

在一个有柔软心的人看来，世界上所存在的每一件恶事，不应该由当事人来承担，而是整个社会要相对的来承担负责，只有如此，真实的正义才可以抬头，全体的道德才有落脚的地方，人间净土才有实践的可能。

学佛的人每天念“南无阿弥陀佛”，希望能到西方净土去投生，其实，西方净土并非完全清净的人才能去往生，如果说，西方净土要完全清净的人才能去往生，那我们就很难到极乐世界去，因为我们都不是完全清净的人，应该是一个众生背负着他的罪业投生到清净的环境里，他就自然清净起来，所以，不论什么样的众生，到了西方净土，都可以纯净起来。因此，这个世界上一切众生的痛苦，不可以因从前所造罪业而活该当受。修行的人不应该有一丝一毫“活该”的念头，如此才能使自己的心广大而柔软起来。显然的，这个世界上的每一个人都在受业报的纠缠，但是不应该人人都是活该的，我们虽然无法解开众生的业、因缘、因果，但是在观察事物时，不应该只看到一粒沙，而要看到整条河流。我想佛陀最伟大的地方是：他看到整条恒河，而不只是恒河边的一粒沙，这也是菩萨道安顿的基础。

为什么有菩萨道，而菩萨道还可以安顿？就是因为菩萨在看罪业、因缘、因果时，不只看到一粒沙，而是看到整条河岸的沙。看到了整条河岸的沙，虽然会使自己觉得渺小，却不是完全无助的，而且很显然，一粒沙是生命中无可改变的困局，然而，当我们看到生命的苦楚时，不应该只看到一粒沙，而是看到整条河岸。佛陀看到人会生、老、病、死，他不只是看到一个人而产生悲悯，他看到的是每一个人都会生、老、病、死、爱别离、怨憎会……也就是所有众生所面临的共同困境。如此的想法，就使我们有了广大的观点，也使我们有了一个非常柔软的心来包容这个世界，这种包容使我们骨肉至亲可以代受，还肯代受，不仅如此，即使是有缘无缘的一切众生，我们都愿意去承受他的罪业和苦楚，这样的修行才是广大而有意义的。透过良好的角度来观照业、因缘、因果，就可以使我们看到这个世界美好的一面、菩萨的悲心，以及世界之所以如此困顿、遗憾，无非要锻炼我们，使我们充满悲心和柔软。这么一来，我们也不会受到业和因缘的局限。

业、因缘、因果都是佛教里非常坚强的东西，而菩萨道的修行就是要告诉我们，一个人的心量如果广大的话，就可以改变这个世界、宇宙和人生。惟有这个观点成立，佛经里记载的菩萨才有落脚的地方。观世音菩萨可以改变我们的业，文殊师利菩萨可以改变我们的智慧，地藏王菩萨可以承担我们的罪业，这些在经典里都记载得很清楚。从这个观点来看，我们便突破业和因缘的困境，进入菩萨的柔软心。

经常培养心的慈悲

第二个锻炼柔软心的方法便是从心的慈悲做起。今年过年，我从台北要回去故乡高雄旗山，我在小港机场下机，搭了一部计程车，这个计程车司机非常热心，开到半路对我说："我带你去看歌星王默君和龙眼被撞死的现场，好不好？"没待我回答，他就说："已经到了。"他指着马路旁一块空地说："这里就是她们撞死的地方。"这个司机是车祸的目击者，他告诉我王默君的凄惨死状以及现场的情形，听他一讲，我的眼泪就流下来，像这么善良、美丽、前途有为、长得一副菩萨相的少女，为什么会遭遇到这样的恶报呢？想到生命的无常，真令人痛心。

接着我们开上高速公路，这个计程车司机又热心地说："你要不要去看昨天有两个警察在高速公路上被匪徒枪杀的现场？"他还特别停靠在路肩说："就是在这里，子弹从警察的脖子穿过去，死得很惨。"上车后，司机一面开一面说："那个被打死的警察是你们旗山人呢！"我回家后，听我哥哥说起，那个警察不但是旗山人，还跟我们住在同一条街上，我的亲朋好友当中，很多人都认识这个警察，大家告诉我那个警察多么乖巧，而且才新婚几个月，最悲惨的是他的太太已经有了身孕。听到这种事情，我们只能流泪。

如果我们看到这样的事件都说它是业、业报、因果，又怎么当菩萨呢？菩萨是一种悲情，也就是悲悯之情。当我看到王默君身死的现场，过完年又在电视上看到她唱歌，不由得有一种深刻的感受，心想这么一个美丽、清纯、像菩萨的少女，她原本就是菩萨来示现。她给我们什么样的示现呢？第一是无常，我们不知道自己的下一秒钟在哪里？所以佛陀常说："人命在呼吸之间，出息不还，即是后世。"这样的菩萨用最悲惨的状况来向我们示现无常，让看到她死的众生觉悟，赶快修行，免得有一天无常突然到来就来不及了。第二个示现是：菩萨不一定用什么面目在这个世界上出现，他不一定坐在前面让人拜，也不一定有很庄严的样子。所以，《维摩诘经》告诉我们："菩萨通达佛道。故行于非道。"也可以说："菩萨行于非道，故通达佛道。"菩萨用一种奇怪的、扭曲的、特别的现象来教化我们，告诉我们人生、无常、觉悟就是这个样子，所以要努力精进地修行。从这个角度来看，我将这些善良的罹难者都视为菩萨的示现，而不把他们看成只是业和因果的报应。就像那个警察的死，使我居住的小镇居民都感受到无常的可怕和可畏。

所以，作为一个修行人和佛的弟子，要常常培养心的慈悲，并用良好的态度来面对这个世界上所发生悲苦的事情。很多人告诉我："你们修行的人最无情，要丢下父母、妻儿，或者离开这个世界，自己去求解脱。”修行的人从外表看起来是无情的，其实这不是无情，而是至情。真实的至情是从愿力、智慧和慈悲所产生。能够这样想，我们又怎么知道王默君小姐从前不是一个菩萨呢？她也许发愿要来向众生示现无常，以及无常是苦。这样的想法对我们有非常大的启发，使我们产生真实的慈悲，一想到人生苦处，就有酸楚的感觉，这种感觉使我们的心变得宁静，纵使有些凄凉，却是那样透明、清净、没有受到染浊。

用超越的观点来看待生命

第三个使我们的心柔软的方法就是从心的超越开始锻炼我们的柔软心。我常常说，一个学佛的人要有好的、高的观点来看待生活和生命。

我们经常会想到：“我是一个佛教徒，为何还有这么多折磨？”“为什么这个世界上的人都比我幸福？”打开电视，在综艺节目中表演的歌手似乎都活在净土里，嘻嘻哈哈没有烦恼。当我们生病时，走在街上，看到每一个人都比自己健康。看中国小姐选美时，觉得每个人都比自己美丽。看到别人都比我们有钱，有智慧……为什么我们有这种看法？因为我们还停留在众生、凡夫的观点里，也由于观点不够高，使我们看不到表面以后的东西。如果我们的观点够高，我们就会看到凡是投生到这个世界的人都是有缺憾的，为什么？因为这个世界叫做娑婆世界，译成白话就是有缺憾的世界、堪忍的世界、苦的世界。因此，每个人的缺憾虽然面目不一，可是所受到的苦楚都一样。我们看到有钱人有有钱的烦恼，穷困人有穷困的烦恼，美丽的人有美丽的烦恼，丑陋的人有丑陋的烦恼，这些烦恼在现象上虽然不同，在本质上却很相似。譬如一个有钱人赚到一百万的快乐和一个乞丐乞得一百块的快乐可能是一样的，同样的，像我们这样的平凡人，有时候去吃个三十块钱的自助餐都吃得津津有味，而有钱人可能要花两万或三万去吃一桌酒席才会津津有味，我们所感受的好吃是相同的，只是现象不同罢了。而我们所感受的痛苦也是一样，只是现象不同而已，在本质上都是有缺憾的。当我们认识了这个观点，就能超越比较的观点，我们不必去和别人比较谁幸福，因为每个人幸福的现象都不同。只要我们稍微把心往上超越，就能进入比较绝对或智慧的观点，这种观点可以使我们比较没有遗憾、比较柔软、坦然地走向这个世界。

当我们的心超越起来的时候，就是建立善缘和慧根的时候，善缘和慧根是同样的东西，一个有智慧的人自然就会有善缘，所到之地都会碰到善知识、会平安喜悦、智慧得到开启。为什么会这样呢？这是因为你的心有微微的超越，自然有了微微的觉悟，有了微微觉悟的累积，便可以得到善缘和慧根。当我们觉得自己有很好的智慧的开发，有很多众生和我们结缘时，我们的心就柔软了。所以，要常常将心超越一点。

时时保持敏感待悟的心

开启柔软心的第四个方法是从心的敏感来开启。经典里记载释迦牟尼佛的前生，有一世叫睒子，睒子是一个非常孝顺的孩子，经典用了六个字来描写他的慈悲，叫做“跂地惟恐地痛”。走在地上都害怕地会痛，这种心是多么的敏感和柔软，连地都怕它痛，当然就不会伤害众生，这时候，便可以处在敏感的状态来看待这个世界。虽然我们无法做到“践地惟恐地痛”，但是在踩地时若能想到这句话，将使我们的心变得比较敏感。

禅宗里有一种检验人格和修行的方法，叫做“残心”，残心就是我们在对待失败和痛苦时有什么样的态度和观点，并由此检验出一个人的人格、修行、境界。举一个简单的例子，我们在春天走到乡间去，看到繁花遍野，感觉春天是那么美丽、令人欢喜。秋天时，满山红叶，树叶凋零，令人感觉肃杀。但是我们感觉到秋的美丽和春天是一样的，有时候甚至觉得秋冬的美丽不亚于春天，这就是残心。因为我们的心是美丽的、敏感的，因此可以感觉到春夏秋冬及一切苦楚的美丽，也能感受到悲伤、受挫的美丽。在我们被压迫到最不堪时，有什么残心？是否同样敏感地对待这个世界？当我们的爱人要离开自己时，是否能想到：“他离开我是多么的美丽，因为他找到更好的对象。”当别人打我们、骂我们时，我们是否有这种残心：“这个人是菩萨的化现，他用特别的方法来让我修忍辱。”当父母把我们抚养长大、逐渐老去时，我们有没有报答他们的残心？我们有没有用感恩的心来对待孩子、朋友及这个世界；以及一切失败所给予的启发和觉悟？

残心可以使我们非常地敏感、柔软，要培养敏感有一个简单的方法，就是时时保持反观。当我们的脾气要发作时，要反观自己的动机，是否因为自己的心不够柔软，所以别人骂我一句、踩我一脚、看我一眼，我就发作？这些问题不在于别人的过错，而是因为自己的心不够柔软。除了时时保持反观的精神外，还要经常保有一颗光明而待悟的心。

最好的开悟时机就是挫败的时候，禅宗有一个很好的启示，就是“棒喝”，将人打到最谷底的地方，让我们开悟。我们在生活中，经常有很多棒喝的时机，譬如老板、客户、同事的责备，这时，要把他们当做禅师，让自己开悟。

当然，开启柔软心的方法还有很多，我只是简单地归纳出这四种方法，就是用广大的观点、慈悲的心地、超越的观点、敏感待悟的心来开启我们的柔软心，这样我们就能忍辱柔和、身心自在。但是广大、慈悲、超越、敏感并不表示离开众生或高高在上，因为不管我们是一个多么伟大的修行者，我们都还是众生的一部分。

柔软心是人间净土的希望

我住在乡下，经常心存感恩，因为基本上我是一个容易害羞的人，我很怕在路上或百货公司被人认出来，我很希望自然又自在地活在众生里面，而我住在乡下，从来没有人觉得我有何特别之处。我去工厂参观，被误为工人；去买水果，也被认为是水果摊老板；我经常带着孩子到河边捡石头，有些钓客便取笑我："憨猴才捡石头。"有时候，我会到庙里去拜佛，拜完之后就起来走走，看看庙的建筑，有一次，一个欧巴桑把我叫过去说："少年仔，过来一下。"我走了过去，她严肃地说："你这么少年，一天到晚在外面乱逛，不要四处玩，回家要多念阿弥陀佛。"我听了好感动，那天为这个欧巴多念了好几次"阿弥陀佛"。

佛教有一副伟大的对联："欲为诸佛龙象，先做众生马牛。"意思是我们要做佛门的龙象，就要先做众生的牛和马，才能使菩萨行得到落实。所以，一个人要超越广大、慈悲、敏感，并非要远离众生，而是要真实地进入众生里面，让他们不知道我们是一个修行者，如此才能随顺众生。一个有柔软心的人从来不苛求众生，因为众生如果可以被苛求、有智慧、能觉悟，现在早已经是一个菩萨了，不会还是一个众生。我们应该用这样的观点来看众生，并且用这种观点时时反观自己，因为我还有缺憾，所以现在还在这个世界上，我要努力使自己很快完成缺憾、使自己圆满，并且忍辱柔和、身心自在俱足。

柔软心是佛教里智慧、觉悟、菩提、慈悲、愿力的总集成。一个人如果有柔软心，修行就没有问题，所谓的“阿耨多罗三藐三菩提心”就是菩提心，所谓证得“阿耨多罗三藐三菩提”就是证得一个光明、柔软、无二、没有分别的佛性。

一个人如果能够柔软，求佛道的过程就不容易被折断。像观世音菩萨手里拿的杨枝、河边的柳条、地上的青草都不容易被折断，为什么？因为它柔软，但是这种柔软并非拒绝风雨才不会被打断，而是它不畏风雨，它不但不怕风雨，还可将风雨转化成养料、智慧、慈悲，更加努力地生长。

我们看到鱼网都很柔软，却很强韧，才能网住每一条鱼。如果我们的心能像鱼网那么柔软和强韧，就可以抓住生命里的每一个悟，不会错过开悟的时机。

其实每一个人开悟的时机都一样，之所以不能开悟，无非因为不能抓住那个悟，如何才能抓住呢？就是柔软。我们晓得“滴水穿石”，如果我们能像水那般柔软，虽然渺小，也可穿越重重障碍，得到佛法的真实意。

一个人有柔软心，这个世界就多了一丝希望，也更能多一丝接近净土。经典告诉我们：“娑婆世界是释迦牟尼佛的净土，也就是释迦牟尼的极乐世界。”遗憾的是，我们却把佛陀的净土搞成现在这个样子，所以，我们一定要努力地发愿、实践，使自己柔软，使这个世界清净，让我们生存的这个世界有一天可以成为真正的净土，成为他方国土众生所渴求、要往生的净土。

希望我们大家一起来努力、锻炼自己的柔软心，使这个世界清净，才不会辱没我们的释迦牟尼佛。

菩提的生活

今天很高兴和大家来谈“菩提”，为什么要谈这个题目呢？因为很多读者读了我的菩提系列著作后，发出一个疑问，为什么我将书名都订为“菩提”，可是书里却没有提到什么叫做菩提？所以，今天我就来谈：菩提是什么？

在谈菩提之前，我简单叙述一下自己在什么情况下开始接触菩提，在什么情况下兴起写关于菩提的书的念头。

还没有开始学佛之前，我在《中国时报》当了很多年的记者，后来又升为主编、主笔，职位愈来愈高，心灵却愈来愈空虚，工作量很多，一天到晚忙个不停。

有一次，我在报社连开几天会，半夜回到家里，朝镜子一看，不禁吓了一跳，因为我从来没有感觉到自己已经变得这么衰老，我的头发快掉光了，人发胖，肌肉松弛，这种情形令我大为紧张，我不禁深思：这辈子是否要如此继续过下去，让自己变得更老更胖，头发掉得更厉害？思前想后，我不禁惶恐起来，同时，随着年龄的增加，这时我也有了中年人徬徨的心理，那就是年轻时候想要追求的东西，到这个阶段几乎已经都得到了，接下来，自己到底要些什么？这些困扰使我忆起了十几年前自己刚刚从事新闻工作时，充满了理想和热情，就跟一个佛教徒要献身佛教一样，希望把自己献身给这个社会，十几年后，当我重新检讨自己青年时代的热诚、理想、追求完美的理想是否依然存在时，不禁产生一种强烈的震撼，那就是我和一般人似乎也没有什么不同。随着年龄日渐增大，志趣愈来愈小，不知道将来的日子要如何过下去。于是，我心想，如果我能重新回到青年时代，不知道自己会用什么态度来面对社会？

隔两天，我到报社去，向老板表明我想重新回去当记者的心愿。老板听了吓一跳，他后来答应了，并且任我选择采访路线。于是，我便跑了很多从前青年时代没有跑过的路线，可是问题又来了，就是愈跑愈惶恐，我不知道自己到底在追求什么。这种空虚是很难表达的。

当采访路线差不多被我跑光时，有一天，我去问采访主任："报社还有没有哪一条路线是我没有跑过的？"他想了半天说，"有一个路线是你没有跑过的。"我问："是什么路线？"他说："鸡蛋和沙拉油的价钱。"也就是报上每天刊载的蛋类行情和鸡肉、食油的报价。我听了觉得纳闷，心想那么小的新闻似乎不是我这种大记者做的事，抱着尝试的心理，我还是去跑了。

鸡蛋与沙拉油的觉悟

我开始跑鸡蛋和沙拉油的新闻，这条新闻每天只要花五分钟就跑完了，然后打个电话回报社报价：“今天鸡蛋大盘、中盘、小盘各多少钱。”大部分时间没事做，我便开始发呆，心想：“知道鸡蛋和沙拉油多少钱对人生又有何意义?”答案似乎是没有什么意义，于是我又想：“是不是能换一种采访方式，追查一下鸡蛋由养鸡场送出到小盘卖出，价格为何会节节攀升?”

有一天，我到一家养鸡场去，看看他们用什么饲料喂鸡？鸡怎样长大？生多少蛋？价钱多少？到了养鸡场之后，我发现里面并没有公鸡，我就问鸡场主人，他说：“当然没有公鸡，公鸡怎么会生蛋?”我问：“难道蛋不会孵出公鸡吗?”他回答说：“会，大概会孵出一半的公鸡。”我问那些公鸡到哪里去了？他说一旦发现孵出来的小鸡是公的，便马上被丢到饲料搅拌器，和饲料一起搅碎去喂母鸡，母鸡便吃着小公鸡的肉长大。长大后一直生蛋，生到死为止。

养鸡场的母鸡从出生到死为止，不知道这个世界上有一种动物的名字叫“公鸡”！更悲惨的是小公鸡的命运，它们从出生开始，还来不及啼叫几声，就被丢到搅拌器里活活给搅死。听了这件事，我当场呆住了，心想这世界上怎么会有这么悲惨的事？

一会儿，养鸡场的主人又拿了一个盒子过来，盒子里装满了小鸡，他把盒子放在桌上，问我：“林先生，你知不知道这些小鸡中，哪一只是孔雀？”我看了半天，看不出所以然，他说：“所有的鸟类在幼年时代都长得一样。”然后他把那只孔雀抓起来，解释说：“这只孔雀如果从小和鸡养在一起，长大后就一点都不像孔雀，而像一只鸡。只有将孔雀和孔雀放在一起养时，才会养得漂亮，因为它从小就知道自己是一只孔雀，它有成为孔雀的愿望，长大后，自然成为一只漂亮的孔雀。”

这个采访结束后，在回来的路上，我思考了许多问题。当时我虽然还没有开始学佛，却相信因果、轮回，以及一些佛教的基本观念。我心想，这些鸡到底在什么样的情况下来投胎？为什么会有这么悲惨的命运？我又想到：孔雀如果从小知道自己是一只孔雀，就可以长得漂亮，可见即使是动物也有自己的志愿和意志力，只是很难被发现罢了。这时，我又想到，是谁让这些鸡一出世就如此悲惨？人是不是也像鸡一样，生出来后，有时候是无法自己做主宰的？

我写过一篇文章，谈到很多人一生的扭转，只基于别人在喝一杯咖啡时、随兴谈论所做的决定而已。有些人不明白其中的道理，我举一个例子加以说明。我有一个朋友的朋友在“外交部”做事，他很喜欢运动，所以皮肤晒得很黑。有一天，他的四个主管在一起喝咖啡，一个说：“现在非洲有一个缺，要派一个人去。”另外一个说：“我想到一个人选，他的皮肤很黑，到非洲一定很容易做外交，干脆把他调到非洲去。”结果四个人都很同意这个意见，很快的，这个人就被调到非洲去，一去十多年，当他从非洲回来时，朋友去看他，发现他已经不像中国人，倒长得像非洲人一样，这种感觉就如同看到鸡被丢到搅拌器一样，觉得人并不能主宰自己的命运。这种例子在生活中是常常可见的。

锦鲤的价值观

有一次，我经过一间鱼店，鱼店的门口摆着两缸锦鲤，其中一缸每条标价五块钱，另一缸的每条却要六十块。我站在旁边看了半天，想要研究它们的价钱到底差在那里，可是看了半天却看不出个所以然，于是我便问店老板，他说："六十块钱的这缸鱼比较漂亮。"我问他要如何分辨，他说要分辨锦鲤漂不漂亮，有几个方法：第一，它的颜色愈光滑、愈纯净愈好。第二，如果它的颜色是混杂的，那么要混得很柔和、明确、和谐。第三，它的身体比例要很适当。而那些五块钱的鱼生下来颜色就不对，或者尾巴太大、眼睛太凸出。

我告诉老板，五块钱的看起来并不输给六十块的，并问他到底如何决定这些鱼的身价。他说，完全靠他的经验来判断，如果有条鱼的头上正好长着一个梅花形的印记，那么价钱就更贵了。可以说，这些锦鲤一生下来，就被决定了价钱和命运。

那时，我还没有学佛，于是便请老板随便捞了几条五块钱的锦鲤，带回家去养。结果，我发现我养的那些锦鲤都很特别，有一只的眼睛一边黑一边白，还有一只前半身是黑的，后半身是红的，有的尾巴长得比身体还大，每一只都是奇形怪状。那时，我有一个朋友很喜欢养锦鲤，不过他买的都是几百块一条的。有天晚上，他到我家，看到我养的那一缸鱼，大为吃惊，他大叫着："这么漂亮的锦鲤到底从哪里弄来的？"我问他是不是真的认为这些鱼很漂亮，他肯定地说："我养了好几年的鱼，从来没有看过这么漂亮的锦鲤。"于是我便唬他说，自从后现代主义流行之后，现在欣赏锦鲤的方法已经改变了，要判断锦鲤是否漂亮，首先，要看它的颜色是否很特别，其次，它的结构是否特出，就像变体邮票一定比普通邮票贵的道理一样。结果，他似乎恍然大悟，到了深夜仍然不肯离去，一直坐在我的鱼缸前面，末了，忍不住迸出一句话说："林清玄，你这些锦鲤可不可以让给我？"我问他要出多少钱，他要我开价钱，于是我便以每条一百块钱卖给他，他高兴地将我全部的锦鲤都买回家，而且每次碰到朋友，就说现在欣赏锦鲤的方法已经改变了。

这件事情让我悟及到人活在这个世界上，并没有一个固定的价值判断，价值的判断通常只是由习惯经验所累积下来。每个人都认为中国小姐身高要一百七十公分以上才漂亮，所以只有一百六十分高的人去选中国小姐就令人觉得很自卑。

当价值观全部操控在别人的手上，生活就会变得很悲哀，我们是不是能有自己的价值观、是不是能决定自己的价值，这一点非常重要。这段时间，我开始反省一些人生的问题，尤其是“宿命”这个问题令我觉得人生难以解脱，譬如我们生下来长什么样子、有什么样的家庭背景或兄弟姊妹，都早就注定了。那么，解脱“宿命”的道路在哪里呢？于是我开始寻找这条道路，并对神秘学产生浓厚的兴趣，研究起算命、紫微斗数、奇门遁甲等，也认识许多通灵人，希望能找到脱开人生宿命的道路，自己可以成为命运的主人。不过，悲哀的是，我却发现人无法自己做主，即使自称通灵者，也无法解决宿命的问题。

譬如有一位女性通灵人，有一天打电话给我说：“林清玄，我的丈夫跑掉了，我该怎么办？”我听了愣住了，告诉她：“你不是通灵吗？派你的灵去把他抓回来啊。”还有一个通灵人，每天写六千多字的文章，因为他的灵告诉他，只要持之以恒，有一天他可以得到诺贝尔文学奖。我对他说：“这个世界上也有神灵做不到的事呀!”有一次，我问一个通灵人关于我家乡高雄的事情，结果他说他的灵只能到达台南，到了高雄就越不过界了。所以，即使是自认通灵者，也是有限制的。

在那段时间，我几乎逢庙就拜。有一次在屏东，我和几个朋友到庙里去抽签，我大声说：“抽签都是不准的，没什么用!”等他们抽完后，我也去抽，结果签诗的第一句是：“神明之前莫戏言。”我看了吓了一跳，赶紧虔诚地再抽一支，这一次抽到的是下下签，当时我非常生气，走出庙后，便将签诗丢到香炉去。心想我为什么会抽到下下签，是不是因为我抱着游戏的心情？我也思及在人生路上，有时候我们会碰到悲惨的遭遇，这种感觉就像抽到下下签一样，万万没想到这种悲哀的事会落到我们身上。想来，人生每天要抽到一张中等签，似乎是很困难，这种困难使我感到很大的挫折感。

菩提因缘

有一天，台北下着雨，我撑着伞走在雨中，看到擦肩而过的路人没有一个有笑容，每个人看起来似乎都愁眉苦脸，包括我自己也不快乐。为什么这个世界上没有一个快乐的人？如何才能使我们快乐？边走边想，我忍不住掉下眼泪。当时，我心想，天上为什么会一直下雨？是不是因为人间流泪的人太多呢？我知道净土是不下雨的，只会下飘着香气的花雨。这样想使我更悲哀。

由于太忧伤，我便跑到山上一家寺庙去，顺手拿到一本善书，翻开第一句话写着："佛是觉者，就是彻彻底底觉悟的人。"接下来，书上解释菩萨说："菩萨就是觉悟的有情众生，也就是勇猛求菩提的有情众生。"不知道为什么，我看到这两句话后，非常的感动，心想，我也可以勇猛地求觉悟吗？我也可以做个彻彻底底觉悟的人吗？那时，我想学佛一定是一件很好的事情，我也要来学佛。

第二天，我开始打听这个世界上到底有没有人在学佛？在这之前，我接触到的人当中，似乎没有人在学佛，可是，从我翻到那两句话后，每天都会碰到几十个学佛的人，这真是很特别的事。譬如，走在路上，碰到一个离开台湾十多年的朋友，我问他现在在干什么？他居然说：“正在学佛。”我很惊讶，因为我昨天才刚开始想要学佛。我又碰到一个医生，他是我们从前公认最“铁齿”的朋友，他也告诉我，他正在学佛。我心想既然朋友都在学佛，我也跟着来学好了，不过，他告诉我学佛并不是那么简单，我问他是不是要缴报名费？他说不必，不过，首先要去皈依、修行、吃素、受戒……听起来似乎很艰难，不过，我已有心想学佛了，到底如何是好？后来我发一个誓，就是用一个月的时间做赌注，如果我无法熬过一个月，以后就再也不学佛了。

于是我从当天开始吃素，接着戒烟、戒酒、戒打牌等等许多不良的习惯，准备好好过一个月的佛教徒生活，而且第二天，我就跑去皈依。有一天，朋友告诉我，学佛要受戒，我又跑去受戒。反正学佛需要什么形式，我都照做，也开始自己阅读佛教的经典。在读经的过程中，我有一种新鲜的体会：就是这些经典是不是从前曾经读过？不然为什么今日读起来会那么愉快。我曾经一连读佛经几天几夜都没有睡觉，就像看武侠小说一样，愈读愈有趣味。

一个月后，我知道自己会继续学下去，便抛开赌注的问题，认真地开始学佛。在学佛之初，我想到我们所知道的佛教都是非常严肃、遥远、复杂的课题，佛教徒走路时似乎都不可以踢到石头，每天都要过得战战兢兢，生怕踩死一只蚂蚁。当然，这些都是对的，但却造成我很大的压力，我心想是不是有些方法可以减轻学佛的压力，如果我们将佛教的道理讲得太复杂、深远，反而使人不敢学佛，觉得自己没有办法接受它，进而实践它。那时，我想到既然自己开始读佛经，应该把心得做笔记下来，于是便开始写《紫色菩提》。

我在写《紫色菩提》的过程当中，发生一个很有趣的现象，就是每当我写到一半，想要引用一句原典时，每每站到书架前，取出可能的原典，一翻开，正好就是我要引用的那一段话。好几次都这么准确，把我自己都吓坏了；心想这样子不学佛也不行了，就开始紧张起来，改用比较严肃的态度来写佛教的文章，这也是《紫色菩提》的由来。

写完《紫色菩提》后，我去找出版社老板，请他帮我出这本书。老板看过书后，说："这样的书会有人看吗?"在我的请托下，他答应替我出一本试试看，没想到出版后，读者的反应很热烈，后来我便接下去又写了其他几本菩提系列，这也就是我写这系列书的因缘。

在写菩提的书时，我可以说是有恃无恐，每次一想到什么佛经，顺手拿下一本佛书一看，正是我要的那一段，这是非常有趣的经验，当然我们可以说是佛菩萨的感应。可是，有时候人也不能太依靠感应，我记得写到第三本《星月菩提》时，我要写一篇文章，题目是“智慧是我耕的犁”，我曾在其他佛书中看到佛陀讲过这样的话，我记得书上写明这个典故出在《阿含经》，当我要引用别人的文章时，一定要对照原典，才会放心，所以我便拿起《阿含经》第四本翻看，翻不到。我把整本都翻遍了，还是翻不到。这下子我紧张了，又拿起第一本、第六本，结果都找不到，最后只好用一个笨方法，从第一本第一页开始读起，结果一直读到第五本的后面，才让我读到这段话。当时，已经过了三天三夜，我也从中得到一个启示：“学佛绝对不能靠感应，佛菩萨告诉我们，不能靠感应过日子，一定要从头努力读起，才能理解佛的教化。”

佛教的人间性

当我开始写佛教的文章时，常常想，自己所要表达的是什么？佛教界有很多法师都告诉过我们很多珍贵的东西，可是，我自己所要表达的东西和他们的却有点不同，不同之处有几点：第一，我要让别人知道佛教是一个美丽、动人的宗教，也是一个最理想、完美、无懈可击的宗教。第二，我希望告诉别人，佛教是讲慈悲和智慧的宗教。第三，我要告诉别人，佛教是实践的宗教。我的目的非常简单，无非想让大家知道原来佛教并非那么遥不可及。

同时，我也开始在生活里寻找佛教的东西，因为我觉得佛教还有一个非常重要的观念，却经常被忽略，那就是它的人间性。很多人都认为佛教是一个避世的宗教，必须离开这个世界去修行，舍弃妻儿、父母，如果是在家修行，就要舍弃这辈子往生西方净土。这样的观念没有错，因为佛陀常常告诉我们，人要远离世间，离开情欲去生活。事实上，这却是世人不太容易做到的事，所以我常讲两句话："离开今生，就没有来生。逃避今世，就没有来世。"我想，佛教最重要的教理就是：你跟佛菩萨相应，而非有任何目的要追求。然而，很多学佛的人却忽略了佛教的人间性。佛陀常常告诉我们，每一个佛教的修行者都要"真俗二谛，定慧圆融"，也就是，不止是出世，也要入世；不止是净土，也要是人间。要能彻见这两个真理，才算得上是一个够资格的佛教徒。

这样的观点当然很好，问题是，大家都怀疑人间怎么可能有佛教？生活里真的有佛的教化吗？其实，生活里的确有很多佛的教化。学佛是为了使我们的心胸愈来愈开展、高远，如果有个人学佛学到后来，变成心胸狭窄，和人不能相处，那么他所学的一定有问题。

对佛教的基本见解也是非常重要的。我举个例子来说，我有一个朋友是虔诚的佛教徒，他学佛之后，就到法国去留学，有一天，他打长途电话回来，告诉我他在法国生活所遭遇的困难，他要我请台湾的菩萨去帮他，我听了很吃惊，反问他："难道菩萨不在法国吗？你请法国的菩萨帮你就可以了。"第二个例子是，有一次我到意大利去旅行，到了梵蒂冈的大教堂去参观，面对那么宏伟的建筑，我心里很感动，我坐在教堂里的椅子上，嘴里念的却是“南无观世音菩萨”，我知道当时菩萨也在罗马的梵蒂冈。所以说，学佛应该学到非常透彻、广大，这样子的学法才对。

我写过一篇文章，里面曾经提过一个故事，就是有一次我到日本京都去，在一间佛庙里看到一尊从未见过的菩萨，那尊菩萨身穿观世音的衣服，非常庄严，可是却长得一副西洋脸，我很好奇地请教庙里的人，他们告诉我，这尊菩萨叫“玛利亚观音”。原来在江户时代，日本采取“锁国政策”，坚信佛教，排拒其他宗教，凡是天主教徒都被视为邪恶，一被抓到，不是判刑，就要流放。然而要如何判断天主教徒呢？执事者便想出一个办法，将玛利亚的雕像推倒在地上，抓到一个天主教疑犯时，令他从雕像上踩过，同时要吐一口痰，如果能够踩过雕像，就表示不是天主教徒。问题是，大部分的教徒都会誓死保卫自己的宗教，所以很多天主教徒宁可被判刑，也不肯在玛利亚的脸上吐痰。这时候，有一个聪明的教徒想出一个法子，就是将玛利亚穿上观世音菩萨的衣服，如果被抓到了，便辩称是在拜观世音菩萨，骗过了执勤的官员们。所以，在江户时代，玛利亚观音解救了很多天主教徒。经过几百年后，天主教堂里，奉着玛利亚观音，佛庙里也供奉着它，它到底是观世音菩萨还是玛利亚，已经分不出来，事实上也不必去分，因为佛经告诉我们，要对每一个众生都升起佛菩萨相，何况是观世音菩萨和玛利亚，它们当然都是菩萨。坐在我们旁边或对面，经常和我们吵嘴的同事都可能是观世音菩萨，只是我们不知道罢了。

把每个众生当做菩萨

很多人学佛学到后来，脑筋都僵硬了，认为只有自己的菩萨最好，碰到外教徒，就批评别人的宗教，惹人反感和争论，而这些人还口口声声说："我要普度众生，解救你，才会告诉你佛教的好处。"佛教徒常犯的一个毛病就是：当我们在讲解救众生时，好像自己不是众生，而是站在众生之外。事实上，当一个佛教徒在解救众生时，他自己就是众生。佛教常告诉我们："自性众生誓愿度"，当你连自己都度不了，又怎么可能去度别人呢？佛教有很多观点，我们却无法认识它的实相，主要在于我们受到固有观念的蒙蔽。

我有一位信佛的朋友，生病了却不肯看医生，他每天念“南无观世音菩萨”，然后倒一杯水，念了四十九遍大悲咒，念完之后，就“咕嘟咕嘟”将水喝下去。原想五分钟后病就好了，奇怪的是，五分钟后却没好。他一气便开始骂菩萨，骂观世音都是骗人的。第二天，他忏悔了，觉得自己不该如此，也许菩萨仍然有效，于是他又倒了一杯水，念了四十九遍咒，再把大悲水喝下去，结果仍然没效，他便又把菩萨骂了一顿。经过了好几天，他的病一点也没好转，家人跟着担心起来，叫他去看医生，他却不肯，他坚持说：“我要给观世音菩萨一个考验，我相信它一定会让我的病好起来。”然而，喝了好几天的大悲水，他的病仍然没好。

有一天，我正好到他家，他的家人要我去劝他，我问他为什么不去看医生，他说他相信菩萨。我问他是否骂过菩萨，他很惊讶我怎么知道，我说：“因为你一直骂菩萨，所以你的病不会好。”我告诉他病要好，其实很简单，到对面请医生开药打针就行了，他说：“我要求观世音菩萨，不要靠医生。”我回他说：“你怎么知道那个医生不是观世音菩萨?”我跟他说明，所有在这个世界上做医生的人，都是从前曾发下菩萨愿的，所以这一辈子才可能做医生。当然，我们有时也会碰到一些坏医生，这些坏医生就是忘了从前所发过的愿，才会变坏。结果，他听进我的话，去让医生看，发现只不过是感冒而已，吃过药打过针，当晚病就好了，他高兴地告诉我说：“那个医生真的是菩萨。”

所以，佛教徒应该认识到，这个世界上，虚空里有很多菩萨，人间也有很多菩萨。走在路上，你会发现每个人看起来都像菩萨，这个人长得像文殊师利菩萨，那个人长得像观世音菩萨，看来看去愈惭愧，好像只有自己不像菩萨。走了一圈回来照镜子，因为你已将所有的人都看成菩萨，所以看自己也顶像菩萨，为什么会这样?因为你的心一直都停在菩萨的范围。

做一个佛教徒要普度众生，发起菩提心，其中有一个非常重要的因素，就是要尊重每个众生，把每个众生都当做佛菩萨来看待，当然，这点要做到是不容易的，如果你发现其他人都有他的长处，有自己不可及之处，你就会明白，每个人都在这个世上扮演佛菩萨的角色。

我举一个例子，有一次，我带着孩子在街上散步，经过一个面摊，看到老板一次将十团面塞在捞子里，放到开水煮，他边煮还边和别人聊天，不到一分钟，他“扣、扣、扣”将面捞起来，分别放到十个摊开的碗里，我的孩子站在面摊前看了大叫：“啊！爸爸！你如果跟他比赛煮面，一定输给他。”当他大叫时，所有的人都转过来看我，我虽然面红耳赤，也不得不承认他的话是事实。

我想，这是教育孩子的好机会，第二天，我带他到家对面一家山东饺子馆去看人家包饺子，老板把饺子皮放在左手心，旁边摆着锅，锅里有馅，他用竹片挖起一团馅，一、二、三，捏紧丢出去，每个饺子不但一样大，还都排着队，我跟儿子说：“爸爸比不上这个包水饺的。”

然后，我又带他去看炸油条，炸油条很好看，我跟他说：“爸爸也比不上这个炸油条的人。”

我又带他去看人家做皮鞋，我跟他说：“爸爸也比不上这个做皮鞋的人。”

接着，我还带他到市场去看人家削水果，卖水果的人几乎几秒钟就削好一个梨子。连续看了很多人，我都比不上他们。

一个礼拜后，我的儿子问我："爸爸！这个世界上，有没有你比得上的人?"我想了一下说："有啊，如果爸爸跟卖油面的老板比赛写文章，一定会赢他。"可是我的孩子却说："不会喔，我看那个老板煮十碗面只要几分钟的时间，你写一篇文章却要写好几天，怎么可以跟人家比?"

这个世界上每一个人都无法相比，为什么呢？因为每一个众生都有他的角色，每一个众生在这个世界上都值得被尊重，只是我们忽略罢了，像包饺子和削水梨的，都是神通，都是我们比不上的。所以，我常说这个世界上每一个人都戴着他的勋章，只是我们看不见别人的勋章罢了。

开启清净的自我

在佛陀时代，印度有一个传说，这个传说就是：两条河交会之处为圣地。所以，从前的庙和皇宫都盖在河边。这一点给我很大的启示，那就是当你和别人接触时，可以发现他高贵神圣的品质，那么你的心便是活在圣地里，会看到众生都是菩萨。

其实佛陀所教育我们的东西，很多都可以在生活中找到，譬如佛陀常常告诉我们，佛、我和众生都是“无二无别”，这点很难体会，因为我们每个人的身高都不一样，为什么会说没有区别？当然佛陀讲的是佛性，可是，除了佛性之外，佛、我和众生是没有区别，是“同体大悲，无缘大慈”。这些道理是从哪里来的呢？我曾经深深体会过这种经验。

去年琳恩台风来袭时，我住的松山区淹大水，家里停水又停电，又没有多余的贮粮，于是我涉水跑到杂货店问老板：“有没有速食面和矿泉水？”他说：“卖完了。”跑到第二家，也卖完了，连续跑了五家，全都卖光了，到了第六家，我问老板：“还有没有速食面和矿泉水？”他说：“还有一箱面，矿泉水卖完了。”我说：“光有面没有水，怎么煮？”他说：“你买两瓶黑松汽水回去煮也很好吃。”没办法，我只好照他的话做，当天晚上，我们就在家里吃汽水煮速食面。吃的时候，我就体会到佛陀是多么有智慧，它告诉我们：佛、我、众生是“无二无别”，世界上如果没有众生的话，我们连汽水泡速食面都吃不到，所以要对这个世界抱着感恩的心情。

众生是非常重要的，我们每天要吃饭、出门、坐车，都是靠着众生和菩萨的护持，如果没有他们护持的话，你想吃素菜也吃不到，那么这辈子学佛一定不会成功。因此，我们在生活中常常可以看到佛的教化，佛的这些教化有一个最重要的目的，就是要唤醒清净的自我。使我们从受染的自我变为清净的自我，开启清净的自我，使我们有更多的智慧和慈悲心来对应这个世界。

但是，这个世界上有许多众生，为什么无法开启清净的自我？原因在于他们的心性被蒙蔽。被什么蒙蔽了呢？简单地说，就是习气，其实有时候我们也不知道习气指的是什么，因为佛教里很多东西看起来都好像是无形的，不过，在生活里却都可以找到对应的例子。

我有一个朋友，有一天烦恼地告诉我，他有一个论及婚嫁的女朋友非常喜欢看恐怖电影，每次都要他陪她去看，更恼人的是，她很会在戏院里尖叫，一边叫一边捶打他，等到看完电影，出了戏院后，她的身心似乎都得到了纾解，可是我的朋友却觉得生活在恐怖之中。

有一天，我请他们吃饭，饭后，我就问那个可爱的女朋友说：“听说你很爱看恐怖电影？”她说：“对、对。”还告诉我台北目前有哪些恐怖电影最好看，我问她为什么那么喜欢看恐怖片，她说不知道。我说：“我知道。你那么喜欢看恐怖片，有一个原因，这个原因就是：你很可能是从里面来的。”她听了惨叫一声，辩白说：“不会的，我很善良，怎么可能从那里来？”我说：“也许你不是从那里来的，不过，如果你每个星期都去看两三部恐怖电影，我可以确定的一点是，你死了以后，一定会到那里面去。”从此，她再也不敢看恐怖电影。

我这样讲是有道理的，因为佛教讲“神识、自性”，自性的本体是不受染的，不过意识却会受染，我们在意识里常常看恐怖的东西，思考坏的东西，慢慢地就会受到污染，当我们身心健壮时，这些污染不会显现，可是当一个人脆弱时，埋在六识里污染的东西，就会出现，这种情况从佛教的观点来说，就是业障现起。业障是什么呢？就是你受染的部分，你欠这个世界、没有还清的东西，当你生病或临终时，你看过的恐怖电影都会一幕幕地浮起来，这时候，你一定会进入恐怖世界，想一想那是多么可怕的事啊！

佛教常说“身、口、意”三业要清净，这是因为人的习气常会令“身、口、意”受到污染，一个学佛的人的身心如果经常受到污染、遮蔽，那么他一定无法和佛菩萨相应，人只有在光明、清净的时候，才能和佛菩萨相应。

学佛之后，我才知道这其间的道理实在很简单，那就是我们的每一个念头、想法、所讲出来的每一句话，所做的每一件事，在虚空中都不会落空。我们讲恐怖的事情必然感应恐怖的东西，讲好的事情必然会感应到好的东西，当我们心心念念想着佛菩萨，我们自然很容易和它感应。当我们每天跟人家讲菩萨，我相信每个人都会发现你后面站了许多菩萨，而我们站在那里，在别人看来，便宛如一尊菩萨。

所以菩提心的要义，就是常常保持在清净的世界，包括思想、言语、行为，只有在这种情况下，才能和佛菩萨相应。

我曾经听一个法师讲过一个笑话，说有人教一个老太婆，勤念“阿弥陀佛”可以往生净土，这个老太婆每天在家带她那个调皮的孙子时，就会边念："阿弥陀佛，夭寿死囝仔。""凸肚仔，你又在这里撒尿，阿弥陀佛。"她念佛从来没有念到心里去。有一天，天上雷声大作，她吓坏了，赶紧坐下来虔诚地念了一声"阿弥陀佛"。她死后，下到地狱去。当她睁开眼睛发现自己在地狱，就骂阎罗王说："我天天念佛，怎么会跑到你这里来?"阎罗王说："你念了很多佛，不过我们来秤秤看你念过的佛有多少句?"就拿过了一把秤，把她念过的佛放在上面一秤，结果只有一句算数，就是打雷时，她所念的那一句。其他的佛号都和她讲过的坏话抵消了。当然这只是一个笑话，这个笑话告诉我们，菩提心是最重要的，一个人有菩提心，那么，念佛、诵经、拜忏、回向、做一切佛教的修行，才不会落空。

菩提心是佛教的大护法

谈到菩提心，很多朋友告诉我，学佛应该要去皈依，因为皈依后有三十六个护法，每受一戒又有五个护法。现在算来，我们受过三皈五戒的人都已经有六十几个护法。然而什么是佛教的护法呢？《小品般若经》告诉我们，菩提心是最大的护法。在菩提心下有四个大护法，分别是：“慈、悲、喜、舍”，在慈悲喜舍下有六度：“布施、持戒、忍辱、精进、禅定、智慧”，这些都是护法，就像是一个庞大的兵团，但是并不像我们想象的，每天背后都站着很多拿弓拿箭的护法。而是因为你有菩提心，所以不论在任何地方，都会受到佛菩萨的护卫。

佛陀告诉我们，一个学佛的人如果要不被魔侵扰，必须拥有两个东西，第一是“正知见”，第二是“菩提心”。光有菩提心而没有正知见，这个菩提心就不是正确的。外面的护法的确很重要，我们去皈依、持戒都会得到很多护法，可是里面的护法也很重要，因为一个学佛的人通常出问题时都不在于天魔的干扰，从佛教的经典当中可以发现，只有修行高深的人，天魔才看得起他，才会去干扰他，像佛陀是到菩提树下快成道时，魔才来干扰他，而维摩诘也是到达神通境界后，魔才来干扰他。为什么天魔不会来干扰一般的修行者呢？因为他根本就看不起一般人，就像拳王阿里不会找一个六岁的孩子来打拳击一样，因为打起来不过瘾。所以一个修行者的魔难通常是从心或观念来的，当魔从内在升起时，唯有从内在来改变。所以在学佛之初，让自己有菩提心、正知见，是非常重要的事。

菩提心有四个最重要的东西，就是：慈、悲、喜、舍，若再精简地说，则菩提心可分为两方面来讲，一方面是慈悲，另方面是智慧。慈悲和智慧是佛教的双足，就像人在走路时，一定要两条腿一起走，才能走得顺当。如果一个人光有慈悲，而没有智慧，就会变成滥慈悲，反之，只有智慧没有慈悲，那就是小智慧，所以二者必须合起来，才是真正的慈悲和智慧。当一个人有真正的慈悲和智慧，我们就可以说，他已经进入了菩提的世界。

谈到菩提的世界，有很多人将菩提翻成“觉悟”或“道”或“般若”或“涅槃”，众说纷纭。菩提到底是什么？菩提包含了一切人间的真、善、美、圣，因此，我们无法用一个简单的名词或概念来解释“菩提”这两个字，但是，从菩提却发展出一个非常动人的佛教世界，也就是大乘世界，从菩提开始，我们有了菩提心，有了菩提心后便进入大乘世界，进入菩萨的境界，因此，菩提可以说是一切大乘佛法的根本。一个人若是没有菩提心，根本没有资格说：“我在学佛。”一个人看到苦难而没有慈悲，也没有资格说："我在学佛。"一个人若不能尊重每个众生都有比我们高的地方，那么他也不能说："我在学佛。"

在佛教的经典中，我们看到佛陀的前生做过很多菩萨，他做过常啼菩萨、常悲菩萨、常不轻菩萨，他看到每个人都顶礼，甚至引人棒喝："你这个人神经病啊！为什么向我顶礼？"他跑到远远的地方说："我为什么向你顶礼，因为我认为你是佛，将来一定会成佛。"那个人打不到他，就拿石头丢他，然后，他跑到更远的地方，又对那个人顶礼说："我相信你将来一定会成佛。"他为了实践佛教的理想和成佛的道路，吃了很多苦，在苦中他都非常尊重众生。

从《法华经》的观点来看，佛教并没有大、小乘的分别，学佛的人同时进入一乘的佛法里，可是，为了诠释方便，我们说大乘比小乘更珍贵、更伟大，为什么呢？原因就在于菩提心，若是少了菩提心，大乘也就没有什么可贵了。

常常有人对我说："学佛很可怕，要断除人间一切欲望，断除贪嗔痴。"好像一开始信仰佛教后，就要画地自限，将自己绑死。其实，佛教有一个可以突破人间情欲、贪嗔痴的东西，就是菩提心。

一个人如果有菩提心，贪嗔痴就不能束缚他，在这个世界上，菩萨可能是最贪、最嗔、最痴的人。想一想，观世音菩萨发愿要度尽一切众生，这是多么贪心的想法啊！我们想度两个人都很困难，何况是一切众生？为什么观音菩萨会有这么伟大的贪心呢？因为它有菩提心。菩萨也是最嗔的，文殊师利菩萨手里拿着宝剑，决绝地砍断所有的人间烦恼，这是最高级的愤怒，这个愤怒之所以伟大，也在于它有菩提心。菩萨也是最痴情的，地藏王菩萨说："地狱不空，誓不成佛。"要到地狱空了，他才证菩提。可是地狱是绝对不可能空的，我们看看这个世界上很多人的行为就知道了。然而，他是不是不知道地狱不可能空？他知道的，既然知道又发下这个愿，可见得他多么痴情，不过他却痴得很可爱、很动人，又那么不可企及，主要因为他有菩提心。正因为有伟大深刻的菩提心，使贪嗔痴都化成愿望，化成无我的大慈悲，与利他的大智慧。

佛教的大乘法门修行中，常常告诉我们，一个人不一定要全部断除贪、嗔、痴才可修行，如果要全部断除才可以修行，我相信大家都没有资格修行，因为实在太困难了，所以大乘佛法告诉我们要转贪嗔痴来修行，烦恼要用菩提来转化，转化的过程就是修行。

我们在人生里常常会碰到很多烦恼，而这些烦恼看起来都没有什么意义，譬如说："哎呀，为什么我信佛信得这么虔诚，每天礼拜、诵经、忏悔，该做的都做了，可是菩萨还让我过这么痛苦的日子，什么时候才能让我得到解脱？"如果我们是这样来看待烦恼，便是没有菩提心。当我们用菩提心来看烦恼时，就会了解，这些烦恼是要来考验、开启、觉悟自己的菩提心。因为生意失败了，才会觉得名利非实；因为爱情失败了，才会觉得人生无常；因为亲人死了，才知道一切因缘都会散灭。

人生确实有很多烦恼，这些烦恼都在启发我们的菩提，只是一般人很难领会到罢了。如果我们能将心灵提升，就可以比较知道烦恼的真义，在面对烦恼时，也就能采取坦然的态度，基于菩提心将烦恼变成有意义，开启我们新的念头，刺激我们向上。

菩提心的要义是很高远的，可是，事实上要实践菩提心也不是那么艰难。佛陀常常告诉我们，透过训练，一个人可以开启他的菩提心，在佛教里有两个非常有趣的故事，这两个故事可以让我们了解如何来实践菩提心。

任何人都可以进入菩提道

第一个故事说，从前有一个非常吝啬的人，他从头上的每一根头发到每一个脚趾头都很吝啬，他从来没有想过要给别人东西，连别人叫他讲“布施”这两个字，他都讲不出口，只会“布、布、布……”个半天，好像一讲出这两个字，自己就会有所损失。

佛陀知道了这件事后，就想去教化他，于是到了他住的城镇去开示，告诉别人布施的功德，一个人这辈子之所以富有，比别人长得高、长得帅，所有一切美好的事物，都跟上辈子的布施有关。这个吝啬的人听了佛陀的教示之后很感动，可是他仍然施不出去，他为此深感烦恼，便跑去找佛陀，对佛说：“世尊呀！我很想布施，但是做不到。”佛陀从地上抓了一把草，把草放在他的右手，然后要他张开左手，佛陀说：“你把右手想成是自己，把左手想成是别人，然后把这把草交给别人。”这个吝啬者一想到要把这把草给别人，就呆住了，想得满头大汗，仍然舍不得给出去，最后，他突然开悟："原来左手也是我自己的手。"就赶紧把草给出去，自己也为此深感欣慰，第二次他只约花了一分钟，就把草给出去，后来，他只要很简单地就可以把草给出去，佛陀又说："现在你把草放在左手，把右手张开，将草交给别人。"第一次他也是想了半天才给出去，第二次他很容易就交出去。最后，佛陀对他说："你现在把这把草给别人。"他便把这把草给了别人。经过不断的练习，这个有钱人便把财物布施给别人，最后把身体也给了别人，结果证得了菩提。

看到这样的故事令我们非常感动，那就是菩提的追求没有资格的限制，再吝啬、再坏的人，只要发心想追求菩提，就可以透过训练开启菩提心。训练开启菩提心最简单的方法只有一个，就是时时让自己往美好、光明、良善的地方走。

佛教里还有另外一个故事，故事的主角叫犍陀多，犍陀多是一个恶心很重的人，他坏到什么地步呢？就是走在街上，如果看到猫或狗，一定要跑过去踢它们一脚，看到五十公尺外有一只蟑螂，他也会飞快跑过去把它踩死，若是有人瞧他一眼，他走过来便把别人的眼珠子挖出来，或把人杀死，所以不但人和动物怕他，连鬼都怕他，每当他一走到街上，所有人都会惊呼："犍陀多来了！"然后赶紧将门窗关闭，所有的动物和鬼也会跑去躲起来，为什么会这样呢？因为人的杀心连动物都可以感受到。

有一天，犍陀多走过森林，看到很远的地方有一只蜘蛛正从小路上横过去，蜘蛛虽然知道犍陀多来了，可是却走不快，急得满头大汗，犍陀多飞也似的跑过来，举起脚来，正要踩下去时，突然觉得今天心情不错，干脆饶过蜘蛛一命。蜘蛛吓得一身冷汗，觉得实在太可怕了，发愿从此要努力修行。

犍陀多死了以后，下到地狱去。有一天佛陀在净土的莲花池畔悲悯地看地狱的众生，看到犍陀多正在受油锅的煎熬，佛陀心想这个人为什么会受煎熬呢？难道他从来没做过善事吗？结果佛陀的面前浮出一个影像，就是犍陀多在森林里举脚正要踩下蜘蛛，却又放下来的影像，再观照，发现蜘蛛因为努力修行，已经往生西方了，于是佛陀就把蜘蛛叫来说："你跟这个人有因缘，如果不是他饶你一命，你就不可能警惕修行到净土，你应该去救他。"于是蜘蛛便从净土吐了一根金丝到地狱去，犍陀多在油锅里看到一根金丝，马上攀上去，拼命地往上爬，爬到一半时，突然听到下面有很多声音，回头一看，原来很多地狱众生都跟着他爬上这根金丝。犍陀多心想，蜘蛛的丝这么细，那么多人拉一定会断，于是他便溜下来，举脚要将众生踩下去，当他举起脚时，蜘蛛的丝就断了。所有的众生也都掉到地狱去。佛陀和蜘蛛在净土里长叹一声！真可惜呀！如果维持一念善心，继续往上爬，他就得救了。

生活在这个世界上，我们要尝到酸、甜、苦、辣，在这样的人生中，我想没有一个人会坏到像犍陀多那种地步。像犍陀多这样的人只要维持一个善念，继续往上爬，就可以得度。同样的，每个人如果能不断地维持善念，就可以得度。而善念不断就是我们所讲的菩提心的要义。如果一个人可以时时刻刻处在菩提心，使菩提心从心灵流露出来，做事都不违背菩提心，那么，这个人绝对不会堕到地狱或恶道里去。佛陀告诉我们：“只要有菩提心，相信般若波罗蜜，就可以往生善处。”这是多么伟大的教化啊！

所以说，菩提心是非常重要的，它是使我们走到彼岸的一艘船，只要我们随时保有这艘船，不要让船漏水，那么，这艘船很自然地会将我们运往彼岸。菩提心的实践并不困难，只要不断地往好的、善的方向去走。

我刚刚讲到一个很重要的观点，就是说发起菩提心，或进入菩提的世界，是没有条件的，经典上也告诉我们很多这样的例子，譬如《华严经》里有一品“入法界品”，讲的是善财童子参访善知识的过程，他参访了五十三个善知识，这些人都有不同的职业，有的是船夫，有的是卖香人，有的是妓女、童男、童女、比丘、比丘尼、善男人、善女人，他们的职业虽然不同，却在生活中找到了菩提心，并且依照菩提心来修行，所以说，任何人都可以进入菩提的道路。这样的启发对我们是多么巨大啊！我们不必太自卑，要知道既然别人有菩提心，我也可以有菩提心，既然别人可以进入菩提的世界，我也可以锻练自己进入菩提的世界。

很多人都认为学习佛教是老年人的事，因为他们已经退休，没事做了，而年轻人似乎不应该浪费时间去做这些看起来没有意义的工作，我写过一副对联：“孤魂都是猛士，荒冢多少豪杰。”在坟墓里的死人多的是年轻人。

我记得有一次我到花店去买莲花供佛，当我在挑选花时，旁边有一位老先生猛用白眼瞪我，然后他突然说："少年仔，你要买莲花啊？我看你不懂得买莲花。"我问为什么，他说："你为什么都挑没有开的莲花？"我说："没有开过的莲花，回去才会开啊，难道它开过了？"老先生说："这些莲花没有开过，不过，你买回去后，它也不会开。"我问为什么，他解释说："早上不开的莲花，中午也不会开，晚上也不会开，可能永远都不会开了。"我听了恍然大悟，才明白何以从前买回去的莲花都不开。原来早晨是最适宜莲花开放的时间，如果这个时间没有开放，那么这朵莲花就不会再开了。修行或学佛就像莲花开放一样，如果我们年轻时不发起菩提心，很可能一辈子都不会发起。

我不敢讲自己有什么样的修行，经过这几年的寻找，跟着佛菩萨的足迹前进，自己唯一敢讲的修行只有一句话，就是我已发阿耨多罗三藐三菩提心。我想，只要我们发过这个心，佛菩萨绝对不会遗弃我们，一定会护持我们走向菩提的道路。

千里之行，起于足下，我们知道成佛之道极为遥远，但每一举脚起步，就更接近一步了。即使这一辈子，我们在学佛上只能得一分，一百辈子不就是一百分了吗？各位大德，加油呀！

从前有一颗星星

很高兴刚刚过完中秋节，就和大家在这里见面，今年中秋节由于天气不好，大家都没有看到月亮，过中秋而无月可赏，着实令人感到失落、惆怅。我常在想，月亮和我们相隔的距离虽然十分遥远，但是它和我们的关系却很密切。中秋节看不到月亮，固然令人感伤，反过来说，中秋节的月亮若太美好，也会令人感伤，因为当我们看到美好的月亮时，可能会想起父母、朋友、亲戚、遥远的事物，而这些人和事也许已经全非，所以不由得令人感伤。也有很多人常常在月下发下誓言，然而这些誓言却很少实现，所以，睹月思情，令人心生哀伤。

我很喜欢一首台湾流行歌曲《望你早归》中的几句："若是黄昏月娘要出来的时，加添阮心内的悲哀。"为什么呢？因为想起"你要甲阮离开的那一日，也是月要出来的时。"为什么这首歌令我如此感动？因为每当我听到这首歌，就想到自己的情境，除此，也想到月亮看似没有生命，其实却有生命。月亮生命中最重要的便是为世人的生、离、死、别作见证。

很多人都喜欢算命，在中国，被认为层次最高的算命方法就是紫微斗数，而紫微斗数便是应用星星的排列来看一个人的命运，每个人的生命宫、父母宫、兄弟宫、子女宫、田宅宫等等都有几颗星星，这些星星决定了我们的命运。而西方最流行的算命方法是星座，也就是用星星的运行来推算命运，例如从紫微斗数来看，我是太阴星座，而从西方的看法来看，我是宝瓶座，这对学佛的人来说，或许没有太大的意义，不过当我们知道自己的生命和宇宙的生命有很密切的关联时，未尝不是一种动人的感觉。

星月是人们对远方的一种梦想

在台湾，很多老年人相信，每个人都代表着天上的一颗星星，当一个人死的时候，天上象征他的那颗星星就会坠落。当我小的时候，听到这种传说，非常的感动，每天晚上坐在院子里，心想：“我到底是哪一颗星星？”我相信自己一定是天上最亮的那颗星星，结果常常在月亮旁边找到一颗最亮的。我几乎每天晚上都要跑去看那颗星星，然后暗自庆幸：“还好它还没有掉下来。”这种想法使我度过一段漫长、灰色的童年，也使我有勇气去面对困境。

还有一种传说就是：当我们在晚上看到流星坠落的时候，如果对着流星许愿，我们的愿望就会实现。这是很美丽的传说，可惜愿望却很难实现。我从前曾经对着很多流星许过愿望，后来都没有实现，然而，这个说法的重点并不在于愿望能否实现，而在于我们跟整个宇宙之间非常密切又不可知的关系。

很多人一年之中顶多在中秋节抬头看一下月亮，很少人会天天抬起头来看看天上，而我就是那些少数的人，不管走在什么地方，我都会抬起头来看看天上。每当晚上，热闹的人潮退去时，站在街头中间抬头看天上的星星，是一种令人感动的经验。

天上的月亮、星星亘古以来都是沉默的，为何会让历史上的千万人感动？是不是每个人的心里都有一个月亮，或者很多星星？我常常在想，天上的月亮和星星是人对远方的一种梦想和寄托，而这种梦想和寄托并不是凭空而来的，它一定跟我们心里的某些东西相应，譬如你和爱人站在太阳底下，就不会想到对着太阳起誓，因为这种阳光太剧烈了，令人感到燥热。可是到了晚上，月光那么温柔明亮，又带着神秘的气息，这时候发誓，感觉上誓言是那么真诚，它可以说是和我们心底的一些梦想相应。

我记得小时候，家里住在离火车站不远的铁路旁，孩子们常常跑到铁路旁去玩，这些带给我很特殊的童年经验，譬如说，我那时候非常喜欢把耳朵贴在铁轨上，听火车开过来的声音，听到后来，就可以断定火车是从南方来或北方来，甚至从它的速度可以确定是柴油快或普通车。我还喜欢在火车开过去后，将脸贴在铁轨上，感觉火车的温度，仿佛自己和这部火车有密切的关联。为什么我喜欢这种游戏？因为买不起火车票，只好在铁路旁看着火车开过来开过去，培养一些梦想，希望有一天也能坐着火车到远方去。

童年时代对远方的梦想，对我后来的成长有很多启发和帮助，举个例子来说，我小时候非常喜欢看地图，譬如我常打开台湾地图，心想我现在要到台北、基隆去，那里会有什么东西？后来感觉台湾都游遍了，就改看世界地图，幻想到各国游历。那时，我们家有很多孩子，每个孩子都要轮流做家事，有一天，正好轮到我要生火烧洗澡水，烧火是很无聊的事，于是我趁着父亲在洗澡，便一面烧火，一面看世界地图，梦想着到埃及去看金字塔，由于太专注了，忘记自己正在烧火，梦想到半途，我爸爸围着一条毛巾，从浴室跑出来，打我一巴掌说：“为什么火熄了，你都没注意，你到底在干什么?”我说：“我在看埃及地图，有一天我长大后，一定要到埃及去玩。”我爸爸大声地骂道：“我告诉你，你这辈子不可能到那么远的地方去。”临转身又踢我屁股一脚说：“赶快生火!”他进入浴室后，我的泪水跟着流下来，心里涌起一个疑问：“难道我这辈子真的不可能到那么远的地方去玩吗?”

多年后，有一次我到埃及去，就坐在金字塔前面给父亲写明信片，我写道：“亲爱的爸爸，我现在正坐在埃及金字塔前面给你写信，记得某年某月某日，你曾说过我这辈子不可能到这么远的地方来，而我现在就坐在这里给你写信。”一边写，眼泪也跟着一边流下来。幸好我小时候有这种梦想，后来才会到埃及去。

当我们真正实现梦想时，心里是非常欣慰的。我学佛后，身边很多不学佛的朋友都劝我：“你不要相信那一套，这个世界上绝对不可能有净土的，净土只是你们的梦想，阿弥陀佛的极乐世界也只是你们的梦想。”当他们这样讲时，我就想到爸爸骂我的话:“你不可能到埃及去,那只是你的梦想。”

所以,我就一直梦想,只要我一直念佛,有一天投生到西方净土去,我就要写信给这些不信佛的朋友,告诉他们:“我现在坐在净土的莲花池畔给你写信。”也许净土的写信方式不一样,不过,我相信,即使我们在净土,也可以和这个世界交通,所以,不要忽视一个人的梦想。像星星月亮虽然赋予人梦想,可是它不应该只是梦想而已。

关于月亮,有很多有趣的事情。小时候,我家隔壁住了一位七十几岁的老先生,有一天,电视播出阿姆斯特朗登陆月球的实况转播,大家都大为赞叹,可是,老先生却不相信这件事,他说:“那都是在骗人的,你们不要被骗了。”老先生的孙子正好是我的好朋友,我跟他说:“你的阿公已经七十几岁了,还不相信人类可以登上月球,你一定要在他死前,让他相信人类真的登上月球。”于是,老先生的孙子每天都告诉他阿公说,人类登上月球是真的,结果却被阿公骂:“猴死囝仔,你吃不到三两米,就想来骗我这个老伙仔,电视里都是在演戏,月娘怎么可以爬上去,我拿钱给你们读册,都读到背上。”老先生一直到死,都不相信人类真的可以登上月球。

佛陀正是众生、众生正是佛陀

这个世界上，很多人一直到死都不相信净土。我曾经到医院探望一个病重的老人，他也自知来日不多，我劝他说："现在不论还剩多少时间，请你好好念佛，那么你一定可以往生净土。"我一边说着，一边被自己诚恳的态度感动得不得了，那知，这个老人却说："我都快死了，你还跟我说这些有的没的。"他一直到死也不肯念一句佛号，因为他不相信他方世界有净土。

当然也有很多年轻人不相信这个世界有净土，他们认为净土是很遥远的地方，其实，在我的感觉里，净土并非那么遥远。有时候，夜晚我工作完毕，疲累地回到家，洗个热水澡，泡杯好茶，聆听动人的音乐，那种感觉就像置身在净土，所以，净土并不是那么遥远，只要我们的心正好调到净土的那个时刻，那么我们的心里就有净土。我们如果能时时刻刻使自己的心处在净土状态，不论在任何时间，任何地方离开这个世界，我们都会在净土里，这是一个信念。倘若一开始就没有这个信念，当然就没有净土，就像一开始不相信人类能够登上月亮，到死也不会相信，有一天将我们送到月亮上，叫我们踩下去，我们也不肯相信那是月亮。

净土和月亮、星星这些东西都是一样的，当我们看到心里的光明时，感觉到心里有月亮；当我们感受心里的智慧涌现，也可以感觉到心里有很多星星照亮世界。所以，很多佛教经典及禅宗的祖师大德，常常拿一个东西来象征人的自性，那就是月亮，有一本非常重要的禅宗语录，就叫《指月录》，这是有其来由的，因为在我们自性开启的那一刹那，确实可以看到自己全身都像月光一样，感受到整个世界都透明得像月光下的琉璃，所以，禅宗的祖师才告诉我们："见性如见月。"看到自性就和看到月亮的感受非常接近，虽然不一定一样。所以，禅师们常告诉我们，修行的方法只不过是用手指着月亮，真正的目标就是要开启自己的自性，开启心底的月亮。

接下来，我们来看看为什么用月亮来象征自性？月亮到底有那些特质和自性相接近？简单地说，"月亮是光明、清净、温柔、平等、广阔、遍照、无私、永恒的……”还有一点最有趣的是，每个人看着月亮时，都会感觉月亮跟着自己，所以，诗歌里说“山月随人归”，我们可以说人人都有自己的一个月亮，我们走到那里，月亮就跟到那里。但是这并不表示我们有一个独立的月亮，而是说我们有一个和大家共同的月亮，不过，在自我的感受上，我们觉得月亮是跟着自己走的。

刚才我谈了许多月亮的特质，这些特质都可以用来说明佛性或自性的状态。佛性也像月亮一样，那样的光明清净、温柔平等、广阔无私、遍照每个角落，并且那样永恒，同样的，当一个人开启了佛性后，佛性就像月亮那样跟随自己，而其实自己的佛性并不独立于佛菩萨或众生之外，因为我们的佛性和佛菩萨，和众生是没有分别的，所以，当一个人见性时，并非找到一个和佛菩萨或众生不同的佛性，而是找到一个跟佛菩萨和众生共同的东西，也就是说所谓的见性，就是契入了佛和菩萨的法性，找到一个跟十方诸佛菩萨、三世六道一切众生没有分别的东西。

很多人说我们应该要回到自己的佛性、开启佛性，那么自己就可以成佛。当然，自己成佛是没有疑问的，可是，当我们找到自己的佛性，究竟找到什么东西？这一点是非常重要的。我们所找到的不是一个只有自己拥有的东西，而是找到一个和佛菩萨、众生都一样的东西，而这些东西拥有我刚才讲的光明清净等等特质，找到这些东西后，我们不慈悲也不行，因为我们已经找到一个宇宙间所有众生和佛菩萨共通的东西；我们不开启智慧也不行，因为我们找到了和佛菩萨及众生同一或者说是开关的东西，当这个开关打开后，智慧就会自然流露。这就像电灯一样，在找不到开关时，无论用何种方法，都不能让电灯亮起来，只要找到了开关，电灯就会亮起来。而当我们找到一个共同的开关时，所有的灯都会亮起来。

我们常说禅是照亮自己的灯，可是这盏灯的光明并不是自我的光明，这盏灯的光明和开关有关，也和所有的光明合在一起，没有分别，所以，在这个空间里，我们无法分辨这个光是由哪盏灯所发散出来，因为这里有很多灯。而当我们找到佛性的那一刹那，也是一样的。这种说法好像有一点深奥。

现在让我们一起回到佛陀证道的那一刻，佛陀证道的时候，张开眼睛正好看到天边有一颗非常明亮的星星，我今天所讲的题目：“从前有一颗星星”就是从前佛陀证道时，张开眼睛所看到的第一颗星星，当他看到这颗明亮的星星时说：“一切众生皆有如来智慧德相，只因妄想执着，不能证得。”译成白话就是说：一切众生皆有佛的智慧和德性，只因为妄想和执着这两个东西，使众生无法证得佛性。接着，释迦牟尼心里想着：“我所悟到的实相，是其他众生不可体会的，所以我无法将证得的东西传给别人。”想着不免有些忧伤。还好，释迦牟尼知道佛陀正是每个众生，而众生正是佛陀，所以他立刻否定这个想法。他所证得的法界是同一个法界，而众生也是同一的，也就是说，大家的心里都有“如来智慧德相”，只是因为妄想执着，没有开启它的面目而已。所以，释迦牟尼佛知道，所有的众生都和他合在一起，所有众生的佛性都和他没有分别，于是，他站了起来，开始去说法，他说法说了四十九年，在四十九年当中，没有一天停止将经验传递给别人。为什么他可以四十九年如一日呢！因为他的经验出自于一个信念，那是：“众生都是佛陀，佛陀正是每一个众生。”我读到佛陀传记里的这一段，感动地流下泪来，这是多么伟大的教化啊！

因着这种感动，使我知道学佛的人不应该把佛教看成是佛陀的教义，而要把佛教的一切东西视为佛本身。甚至在开始学佛时，要把自己视做佛本身，这样子学佛就快速多了。当我们把自己看做佛本身，把标准定在释迦牟尼佛时，我们在日常生活中将会有一个比较美好和光明的境界。当我们想到自己是释迦牟尼佛时，有很多不好的事，就不敢做；有很多原先不会去做的慈悲的事，就会去做；有很多不曾拥有的智慧，会因这种想法而开启出来；也就是说，当我们心存这种想法时，就会有所为，有所不为。所以，学佛时，认清佛的教义是非常重要的，但是，这还不是真正的目的，真正的学佛是要亲自去体验佛陀所体验过的东西，这种体验也就是佛教的实践。

佛教的学习要从生活开始

实践是非常重要的。有一天，我和一位在银行做事的朋友见面，他负责柜台事务，每天从他手中流过的钞票有好几千万，甚至上亿，他为此也洋洋得意，我却告诉他：“可惜的是，里面的钱没有一张是你的。”

当一个人非常了解佛教的教义和经典，却很可能像银行的职员一样，每天数很多钞票，却没有一张是自己的，因为没有实践，没有真正进入佛法的世界。所以，实践是非常重要的，当我们将佛和菩萨定做实践的标准时，我们的人格就立刻提高了，这在佛法里叫“正向”。

两个星期前，我到日本去旅行，发现旅馆冰箱里饮料的拉环全部塞在冰箱底部，当你要喝饮料时，必须把整瓶拉出来才喝得到，不过，饮料一拉出来，就塞不回去，电脑马上将它计费。我在日本的一位友人告诉我：“冰箱之所以会出现这种新设计，台湾人的功劳很大。”因为从前台湾旅行团的客人经常将饮料喝光，再将自来水注入空罐子，蒙骗过去，逼得旅馆要做出新的设计。我们也知道日本因为人工贵，所以自动贩卖机非常发达，前一阵子，台湾有些游客知道日本五百元的硬币和台湾从前五块钱硬币一样大，所以到日本去，就带了一大把五块钱去买东西，丢一个五块钱到自动贩卖机里买一瓶一百元的饮料，还可以找四百元。后来，逼不得已，日本商人只好重新变更自动贩卖机的程式。

另外，从前的台湾旅客住到大饭店时，会顺手将烟灰缸、睡衣、毯子带走，所以，现在我们在日本的大饭店里会发现很多说明都是用日文和英文写的，只有一张卡片是用中文写的，那就是："这套睡衣价值两千八百块，如果你需要这套睡衣做纪念，请到柜台去买。"看到这些事情，真令人感到羞耻。我们知道台湾人都很有钱，可是过去的农村生活养成节俭的习惯，所以去海外时一定要带些东西回来做纪念。

我想如果有一个人在心里想着：我是释迦牟尼佛的弟子，我要学习释迦牟尼佛，我要学习观世音菩萨，那么他就不会把旅馆的毯子带回家，也绝对不会贪图小便宜。

所以，在实践的佛法上，并不只是在寺庙拜佛、礼佛而已，真正佛教的学习是要从生活的每个角落开始，我们的心里要在每个角落做着观世音菩萨或释迦牟尼佛，如此将使我们的生活到处充满光明和慈悲，而没有私欲。因为学习佛陀或伟大菩萨的胸怀，就会使我们有一个伟大的开启，这个开启使我们在生活中所遇到的人都是慈悲的对象，所碰到的每一个因缘都是智慧的因缘。因为我们随时随地都把佛和菩萨放在心里，即使我们不念佛，不拜佛，佛也在我们的心里，这时慈悲和智慧就会自然流露出来。

佛陀修行的四大启示

佛光山曾经举行过一次“回归佛陀的时代”的大型弘法会，我觉得这是一个很好的做法。如果每个人在心里都可以回归佛陀的时代，佛教的修行就会变得简易有效。当然，“回归佛陀时代”要靠大家一起努力才有效。我记得有一个修行很好的师父宣化上人曾经发过一个愿：“不许进入末法时代。”他的愿力如此伟大，希望这个世界永远不要进入末法时代，听了令人感动，我们可能无法做到这样，不过，今天就让我们回到佛陀证道的最后一个星期，这个星期从佛陀喝了牧牛女孩的牛奶开始，直到他看到星星的那一刹那。

我们都知道佛陀是一个太子，有一天，他觉得应该要解脱人的生老病死，于是逃离了皇宫，到森林里去修行，他追随了当时很多伟大的修行者，希望能找到解脱生死的方法，结果这些伟大的修行者教他要苦行和禁欲，也就是禁止一切欲望，让身体处在一个艰苦的状况下去修行。释迦牟尼佛为了实践这种苦行，每天只吃一些芝麻和一些麦子过日子，过了好几年，他仍然无法解开生死的问题。有一天，因为体力不支，他昏倒了，这时，正好有一位放牛的女孩路过，便挤了一杯牛奶给他喝，释迦牟尼佛喝了，重新恢复体力，之后，他很感叹一件事，那就是苦行和禁欲，对于真正智慧般若或慈悲的开启甚至解脱生死轮回的问题，是没有帮助的，所以他觉得修行应该采用中道。

接着，释迦牟尼佛走到一棵菩提树旁，指着树下的座位说：“如果我不得证，就不起此座。”由于他在此坐了七天七夜，所以我们现在有很多精进佛七和禅七，不过，其中有些却流于形式，我认识一个朋友，他告诉我：“我曾经参加过五次佛七、两次禅七。”我问他：“你证得了没有？”他哑口无言，因为他没有证得，为什么呢？最主要是因为我们要进入佛七和禅七时，并没有抱持释迦牟尼的精神。

所以，不管要打佛七、禅七、要修行或闭关，有一点很重要，那就是愿力。所有的佛和菩萨之所以成佛成菩萨，就因为有愿力，所有的菩萨为什么没有变成阿罗汉，就因为有愿力。当释迦牟尼佛走到菩提树下说：“如果我不得证，就不起此座。”这就是愿力。

释迦牟尼佛坐下来后，开始接受很多考验，最大的考验当然来自魔王，魔王派了妖艳的魔女在释迦牟尼面前跳舞，希望能激起他的欲念，幸好，欲念对他已不成问题了，这么一来，魔王在无计可施下，起了大的嗔恨心，便叫魔子魔孙架起了刀箭，要去射杀释迦牟尼佛，可是，当这些箭射到菩提树下时，却全都变成美丽的莲花瓣掉下来。魔王试过各种方法，都无法使释迦牟尼佛从定中出来，于是他便跑去对释迦牟尼佛说：“今天你只要告诉我，你为什么有那么大的把握可以成佛，我就不再来干扰你。在你之前，这个世界曾有无数伟大的修行者，他们的修行比你还好，却没有成佛。而你是一个太子，从小生长在皇宫，享尽荣华富贵，过着荒淫无度的生活，你有什么资格说，今天在菩提树下，你可以成佛？只要你讲得出理由，我就不再来干扰你。”释迦牟尼佛没说半句话，他一只手摆在胸前，一只手伸出来指着大地，结果魔王领会了，便率领了他的魔子魔孙离开菩提树下。为什么释迦牟尼佛指着大地呢？因为大地就是他修行的证据，大地看见他无始劫来的菩萨行，他无始劫来已经做过精进、无可比拟的修行，所以在这一刻，他很有把握可以证得佛的果位。当魔王离去时，一切平静下来，大地扬起悦耳的音乐，菩提树安静地屹立，月光洒下来，佛陀进入很深的三昧，当他从三昧起来时，就看到了天边的明星。

所以，我觉得这一个星期对学佛的人来说是非常重要的，它有几个重大的启示，第一就是佛陀用他的实践来教化我们：一切的修行要依中道而行，苦行和禁欲不一定能使人开启般若，而过度的苦行反而对修行是有妨碍的。我举一个简单的例子，现今很多人都是在家居士，在家居士一定有父母、妻儿、兄弟姐妹、朋友。有一天，当你发一个勇猛心说："我要开始修行了。"随之而来的问题就是："你要不要父母、妻儿、兄弟姐妹？"很多修行者权衡轻重，觉得解脱生死的问题最重要，结果父母生病也不管了，妻儿也不管了，这种修行方法就是"苦刑"，自己很苦，旁边的人也跟着一起受苦。

一个在家居士最重要的是要做一个完整的人，有人格、会照顾别人的人，这才是真正的修行，如果为了自己的修行而使众生痛苦，这种修行便有问题。我碰到一个朋友，他认为只有吃素才是最虔诚的修行，于是，每次大家一同到餐厅去吃饭，他便一边吃着素面，一边对着吃大鱼大肉的朋友说："你们这样吃一定会下地狱。"弄得大家都很不自在，觉得和他在一起很痛苦。真正的慈悲是"不要忤逆一个众生"。也就是不要使一个众生因为和我们在一起而感到不愉快或痛苦。然而有很多修行者不但为自己造成很大压力，也为别人带来痛苦，自己却不知道。但愿我们不要变成这样的人。

佛经里有很多的佛和菩萨，他们都有一个相同的特质，那就是众生见到他们都欢喜，他们也能令众生欢喜，这便是一个伟大的修行。在《妙法莲华经》里有一个菩萨的名字叫"一切众生喜见菩萨"，这些众生不管是小猫、小狗、蟑螂、蚊子，看到他都欢喜，为什么呢？因为他有非常广大的慈悲心，众生知道跟他在一起是没有压力，不会被侮辱，也不会痛苦。这种修行的基础要如何建立呢？就是依中道而行，我们要知道如何好好做一个人，这样子才可说：开始在修行。如果一个人在佛堂里非常慈悲，一走出佛堂就面目全非，这便不算是真正修行，也不是中道，对般若的开启没有多大帮助。

佛陀的这一个星期，给我们的第二个启示，就是要做一个勇猛的人，虽然我们无法做到像佛陀那样，不得证就不起座。但是要抱持一个愿望：就是这辈子一定要得到解脱，我们必须拥有这种勇猛心，才能得到解脱。

第三个启示是：学佛本来就要接受考验，很多人以为念佛以后就会事事顺利、发大财，真的会这样吗？不一定，念佛不一定会使你完全处在顺利的状态，为什么？不管你学佛或不学佛，你仍然要接受人生所要面临的痛苦和考验，说不定开始学佛后，考验会更多。经典里有一句话说："一人学佛，九族升天。"还有一句话说："一人学佛，魔宫皆动。"也就是说当我们开始学佛时，原本会很顺利，却因为魔徒的干扰，而要接受考验。当我们在接受考验时，不要抱怨，必须认识到学佛必须接受考验，没有接受考验，就不是真正的学佛。倘若学佛后，一心想发财，那么和那些在沙堆里看明牌、拜树木、拜石头的人有什么不同？学佛的层次比这些事高得多，意境也深得多。

当我们接受考验时，会痛苦流泪。有一段很长的时间，我天天都流泪，心想为什么我还没学佛以前事事顺利，学佛以后却要接受这么多考验？当我们进入禅定时，过了一段很长的时间，会发现自己的禅定完全没有进步，修行都停滞不前，这种痛苦是从前未学佛时所无法体会的。这个世界有人了解我的痛苦吗？为什么这么孤单？纵使告诉周围的朋友，也没有一个可以理解，因为他们都是外乡人，只有一起学佛的人才是来自同一个故乡，所以我们有什么痛苦、疑难，可以和一起学佛的人沟通，得到安慰，这就是善知识的重要。

虽然我们要接受很多的痛苦和考验，但是没有关系，释迦牟尼佛有一个重要的启示，那就是大地会为你作证，我们经历的痛苦、接受过的考验，都在这个大地上留下证据，这些也就是我们将成佛的证据。当我们做了一件好事，起了一个善念，进入禅定，身体清净宛如光明的月亮时，大地就是我们的证据，连走在街上的每一个人都是我们的证据，因为我们碰到每个人都慈眼相对，都用温柔对待，有了这种证据时，我们的考验，痛苦，所承受的一切失败都不会落空，这是释迦牟尼佛手指大地、伟大的启示。

释迦牟尼佛在最后一个星期给我们的第四个启示，就是他看到的那颗星星。释迦牟尼佛张开眼睛看到那颗星星是必然的，虽然星星可能是偶然在那里。当我们真正学佛后就知道，这个世界上的事物没有一件是偶然的，所有的事都是必然。佛陀看到这颗星星后，给我们的启示是：开悟的经验并不是空茫和死寂的状态。如果开悟的经验是空茫和死寂的状态，那么，开悟的经验就会和一只狗或一只青蛙睡觉了没有两样。当一个人或一只动物睡着时，如果不做梦，便处在空茫和死寂的状态。

禅定基本上不是空茫和死寂的，不过，在某些时刻和睡觉的经验非常接近。至于二者间最大的不同，在于禅定是有觉性的。所谓有觉性就是有观照的、能感受的。真正的禅定是有觉性的，也就是说虽然处在三昧状态，却可以知觉自己所处的世界，观照世界。所以，真正的高僧在禅定状态时，有人靠近他，他一定可以感觉得到，这就是像一个武功高强的人，可以听到很远的脚步声。若禅定是处在完全无知的状态，那么这种禅定就如我们在做家事，孩子从后面“哇”一声，把我们吓坏了一样，而魔王也就无法对释迦牟尼佛产生作用，因为在无知的状态，根本感觉不出射箭这些攻击行为。佛陀之所以知道魔王在做什么，还用手势和他对话，就是因为他虽然处在很深的三昧中，可是仍然有觉性。

所以释迦牟尼佛最后一个星期给我们很大的开启，那就是：三昧里是有觉性的。因为三昧里有觉性，所以张开眼睛才看见星星，般若智慧也由此涌现出来。因此，保持觉性的三昧不是禅定的目标，从三昧醒来般若开启的那一刻，才是修行真正的目标。

我们看到古代的经典、语录、公案，发现有些禅师看到翠竹悟道，有的看到黄花，或听到石头“锵”一声而悟道。有一个故事说有十六位修行者修行很久都无法悟道。有一天，其中一人提议说：“修行这么苦，我们一起去洗澡吧。”结果十六个人便跑到附近的池塘去洗澡，当他们身体碰到水的那一刻，十六个人同时证道，这种情形真是不可思议。我们都知道虚云老和尚，有一天他倒了一杯水，由于水太烫，不小心把杯子摔落地上，结果突然就悟道了。还有一个禅师被师父用棒子打落到悬崖，摔断一条腿而悟道。

悟道的刹那非常重要，那一刻就是般若的开启，也就是电灯开关打开的那一刹那，在这之前的修行、打坐都是为了准备开启这盏叫般若的灯。为了要等待这一刹那，要时时保持觉性，为了等待张开眼睛看到星星，所以，每天在心里都要张开眼睛，保持良好的觉性，等待这颗星星的来临。因此，修习禅定，或念佛或密宗观想手印的人，要有慧力的照耀，要使智慧成为一种力量，随时照耀。当慧力可以随时照耀，从三昧觉醒过来时，才可以打开般若的开关，看清自己本来的面目，这也就是悟的时刻。

我们常常说悟的时刻是“真空妙有”，其实真空和妙有这两个东西是矛盾的，既然是真空，怎么会有妙有？既然妙有就不会真空，所以“真空妙有”这四个字应该说：当你体会了真空后，才会有妙有。所谓的真空是绝对否定我们所观照的一切，绝对否定的境界就是当我们进入三昧时，可以感受到真空。真正处在透明的状态，只有这样的境界才会有妙有，因为在这种境界里才会升起大智慧、大般若。所谓的妙有是个绝对肯定的世界，它告诉我们这个世界的一切都是智慧，为什么我们无法看到这个世界一切都是智慧？因为我们没有通过真空的体验，若是我们通过了真空的体验，就会看到这个世界一切都是智慧的。因此，释迦牟尼佛所看到的那颗星星非常重要，这颗星星是释迦牟尼佛的星星，也是大家和一切佛弟子的星星。我们要随时准备看到星星的那一刻，如果我们没有时时刻刻准备着，就永远看不到星星。

按照自己的方法去实践

我常常读佛陀的传记，到现在已经不知读几遍，每读一遍都有新的看法，读佛陀传记最令我感动的，不是佛陀在当太子时看到生老病死想去解决这些问题，而是他从喝了牛奶坐在菩提树下、一直到看到星星的那一段。我常常想到释迦牟尼佛坐在菩提树下的情景，并且把他当做自己修行观照的方法。每次我想到释迦牟尼佛看到星星的那一刹那，就非常感动，所以每当我看着星星时，就会想到，这颗星星不晓得是不是释迦牟尼佛看到的那一颗？不管是不是，他所看到的星星现在还在，并且因着他的慈悲和智慧，这些星星和月亮都用慈悲的光芒照耀我们，所以，我看到星星时就会非常感动。因此，我们要常常静虑，常常思维自己是宇宙的一分子，所做的事都会在大地上留下证据，而所有的星星月亮也都会看着我们，这种思维将有助于开阔我们的胸襟，感受到星星月亮并不是那么遥远，可以让我们接近，开启我们的智慧。

在我的感觉里，佛陀看到星星的那一刹那是非常感性的，不是很理性或平淡的。当时他说：“一切众生皆有如来智慧德相，只因妄想执着不能得证。”接下来他又说，很想把这个想法告诉世界上的人，却又觉得没有人能够体会他的想法，后来，他又想到一定有人可以体会，因为大家都跟他一样。这种转折充满了感性和人性。不是成佛后就没有人性，成佛以后仍然有些转折、思考、感性的。

佛陀这一个礼拜最后的开悟，可以说是真实般若智慧的呈现，当他看到星星的那一刻，是在绝对智慧中感性的闪烁，我想当时他脱口讲出的两句话，是大乘佛法中最动人的刹那。当我们在看星星时，是不是也能想到，在这么辽阔的宇宙间，众生也都宛如星星那般明亮，可以和我们进入大乘的世界。而当我们走在街上，和路人擦肩而过时，如果不能看到众生心里面的星星，那么就不能有真正的慈悲。所以，佛陀所看到的星星充满了伟大的象征。

佛陀因为看到星星的那一刻而开悟，只要有这种认识，我们每天看星星都会有不同的体验，也比较可以接近释迦牟尼佛的心灵世界，接近他坐在菩提树下的心情。由于佛陀是坐在菩提树下悟道，所以，我每次看到菩提树都觉得很美。事实上，菩提树也不是真的那么美，可是因为佛陀是坐在这种树下悟道，所以菩提树就变得美起来。台北的菩提树虽然都有些营养不良，不过，如果我们可以认识菩提树，认识菩提，就会感受到菩提的美丽。

我们读佛的经典或传记，都要有一种认识，就是实践，将佛所留下来的一切当做佛的本身，而非佛的教化而已，如此，对自己的开启将有很大的帮助。实践为什么很重要呢？因为佛的一切教化都是不能传给别人，而要靠我们自己去做，当我们做的时候，才知道佛和菩萨多么伟大。我记得寒山子写过一首诗："吾心似秋月，碧潭清皎洁，无物堪比伦，教我如何说？"译成白话是："我的心像秋天的月亮那样明亮，好像碧潭的水那么清澈，几乎没有什么东西可以和它相比，但是这种感受要跟谁去说？”寒山子所看到的秋月和释迦牟尼佛看到的星星，其实是一样的。所以，不要跟别人说，也不要随意听信别人，而要靠自己去做。当我们开始学佛后，要知道，修行是二十四小时的事，二十四小时都处在佛的世界，这样的修行才比较可能成功。

学佛还有一点很重要，就是不要害怕别人取笑，我们在学佛时，自己是一个菩萨，就要按照自己的方法努力去实践，不要听别人说禅宗不错就去学禅，净土不错就去学净土，密宗不错就去学密宗，这些当然都是好的，不过自己的把持才是最重要的。

最后，我们来讲一个禅宗公案。从前有一个禅师叫白云守端禅师，他的师父叫杨歧方会禅师，白云禅师以前是茶陵郁和尚的弟子。

有一天，杨歧师父问白云：“从前你的师父郁和尚走路摔了一跤而大悟，说了一首偈，你还记得吗？”

白云禅师说：“记得，记得，那首偈是‘我有明珠一颗，久被尘劳关锁，一朝尘尽光生，照破山河万朵。’”

结果，他的师父听完后，哈哈大笑，一言不发就走了，白云当场楞在那里，心想："师父为什么笑得那么开心，难道我的偈背错了吗？或者这首偈有问题？"他心里非常烦闷，整天都想着师父为什么要笑，他一点也找不出让师父笑的原因。那天晚上，他躺在床上辗转反侧不能成眠，苦苦参了一夜，仍然找不出原因。

第二天一大早，他忍不住黑着眼眶去拜见师父说："师父听了我昨天念郁和尚的偈，为什么大笑？"

杨歧禅师听了笑得更开心，他对着白云说："你是一个禅师，可是原来你比不上一个小丑，小丑都不怕人家笑，为什么你怕人家笑，我只是自己在笑，跟你没有一点关系。"

白云禅师听了豁然开悟。

一个学佛的人也要常常想起：学佛是自己的事情，要了脱生死也是自己的事情，我有自己的方法和目标，不管别人如何取笑嘲讽，我仍然一本自己的信念去做，如此才可能成功。而这个信念是从哪里来呢？就是要常常想起释迦牟尼佛伟大的教化和修行。

有信念的人是心里有月亮的人；不为尘劳所动的人是心里有星星的人；今年的中秋节过了，但是月亮与星星不会失去，让我们每天抬头看看星星吧！从前、从前，在菩提树下，有一个圣者在证道时，看见了一颗星星，那是人类历史上最美的、无可比拟的一颗智慧之星！

每个人都是一个宝瓶

宝瓶这个题目看似浪漫，实则严肃，为什么我想要讲这个题目？因为前一阵子，我住在莺歌乡下，有空时，便到陶磁场去观看师傅们制作陶磁器和烧瓶，我经常坐在一旁看得很感动，因为一个瓶子由一块泥土混水，用火加热再拉出形状，那个过程非常简短，不过制造出来的成品却很漂亮。

瓶子的制作使我们想到，因缘确实是不可思议的。原先世界上并没有瓶子，却由于某块泥土混了水，再用火烧之后，赋予它实质的形体。瓶子制作的过程，给予我们两个重大的启示：一、就是因缘，瓶子是一个幻化、不实在的东西，它是由地、水、火、风四种东西所组成的。地是坚固的泥土，混上水后，再用火烧，然后阴干，由于种种因缘的结合，才产生了瓶子。瓶子不可能永远存在这个世界上，任我们使用，有一天，它会破掉，变成地、水、火、风，这时候因缘就散灭了。

瓶子给我们的第二个启示就是对物质的认识，刚才讲到瓶子是由地、水、火、风所组成，而依照佛经的说法，人的色身也是由地、水、火、风所组成的，所以，我们和瓶子是同样的东西。

感觉上，我们的血肉骨头都是真实的，然而从因缘法来讲，并不真实。如果我们常常思索自己为何会投生到这个世界上，就会发现无法找到自己的来处。因为在三十年、五十年以前，这个世界没有我们的存在，为什么今日会有我们的存在，感觉又那么真实呢？那是由于地、水、火、风和因缘的组成，使我们的人身得以存在。有一天，因缘一到，我们就会离开这个世界，人身也没有了，而将地、水、火、风还给世界，所以，一个人的因缘过程和一个瓶子是非常接近的。

每个人都是尊贵的宝瓶

在娑婆世界，所看到的宇宙都是因缘的合成和散灭的过程，而一切物质都是由地、水、火、风所组成的。我们要长大，必须吃很多东西，喝很多水，要用火，呼吸空气，这些都是取自于世界，使我们这段因缘在感觉上非常真实，可是将来我们要把这些东西还给世界，所以，佛教的重要经典《楞严经》在一开始用了约三分之一的篇幅在讲“还”的观念。当一个人把地、水、火、风还给世界时，剩下的就是还没和这个世界发生因缘前，属于自己的东西，也就是父母还没生下我时，我是什么样子，从禅宗来讲，就是父母还没生我们以前，我们本来的面目。

所以，所谓开悟的解脱者，就是他还没有离开这个世界就已经清楚地看清一切还清以后、剩下的清清白白的本性。将来我们会看清楚自己怎样离开这个世界，并且看清楚自己如何将身体还给世界，可是到了那一刻却已经来不及，因为到了那一刻，我们会有很多牵绊、烦恼，以至于无法得到真实的解脱，而所谓的开悟者就是还没有到那一刻就得到解脱。

刚才我谈到我们和瓶子有两个重要的相似点，一是因缘，一是地、水、火、风的物质，但是有一点却不一样，就是本性。当一个瓶子粉碎回到世界时，我们会发现它什么都没有了，可是当我们离开世界时，并不能像瓶子一样，完全在时空中消失。很多佛经都曾经将人和瓶子拿来互做譬喻，经里说到当一个瓶子碎了之后就是虚空，而人粉身碎骨后，剩下的是空性，也可以说是虚空。从空性来说，瓶子和人是没有什么不同，可是，除了空性之外，人还有妙有，妙有和瓶子是不一样的。所以今天我们开始讲“宝瓶”这个题目时，我希望大家发挥一下想象力，想想：宝瓶到底是什么东西？跟人有何关系？

有一个修行密宗的朋友听说我要来和大家讲宝瓶，吓了一大跳，因为“宝瓶”在密宗里是非常殊胜的观念。密宗有四种灌顶，其中宝瓶灌顶列为第一个，也就是修行密法的人都必须经过的灌顶。理论上，虽然每个人都有如佛陀说过的：“人人都有如来智慧德相。”可是因为从无始劫以来，我们被无明所障蔽，不断升起贪、嗔、痴、慢、疑这五种毒素，因为升起了五毒，才使我们在六道中沉沦不已，自惭形秽，心里觉得自己是下劣的凡夫。密宗的宝瓶灌顶就是要破除下劣的思想。

“宝瓶灌顶”是以本尊作为我们的父母，所谓的父母分为两者，智是父，悲是母，当智慧和慈悲两者化为甘露灌入我们的身体时，可以洗清我们，这就叫做宝瓶灌顶。宝瓶灌顶有以下几种功德：第一，除去凡夫下劣的身见，升起佛的金刚之见，也就是除去身心污浊，使自己的身体与心和佛没有两样。第二可以调伏贪、嗔、痴、慢、疑五种毒素。第三，转地、水、火、风四种业气为智慧气。第四，接受宝瓶灌顶后，就会为佛菩萨本尊上师空行母（空行母就是护法）所拥护。第五，可以破除一切天魔和外魔的扰乱。

在佛教里，不管是显教或密宗，都把人视为一个宝瓶。其中用宝瓶做譬喻的经典很多，我现在举几个例子。在《华严经》里，释迦牟尼佛曾说："菩提心者是为天德瓶，满足一切所乐欲故。"译成白话就是说："一个人具有菩提心，就好像是一个天德瓶，天德瓶是帝释的宝瓶，想什么就有什么，当我们的欲念产生时，它就会呈现出我们的欲念，因此可以满足我们所需要的东西。"所以，一个人具有菩提心，他的身体就像天德瓶一样，可以满足自己的一切需要。天德瓶就像《妙法莲华经》里所讲的如意珠一样。

释迦牟尼佛在《大般涅槃经》中曾经盛赞阿难的聪明。他说："阿难跟着我二十年，持着我所说的十二部经，我讲过的经一入他的耳朵，他就不曾再问第二次，就好像我把一个宝瓶的水倒到另一个宝瓶，一滴都没漏掉。"

在《大智度论》里也说到有一个贫穷的人，为了富有起来，便供养帝释，一连供养了十二年，仍然得不到富贵，后来，他便去找帝释说："我已经供养你这么久了，你为什么不能让我得到富贵?”帝释怜悯他，便送给他一个天德瓶，于是这个穷人每想什么就有什么，短时间就变得富有起来。他的朋友觉得很奇怪，便一直向他追问原因，他很高兴地把宝瓶拿出来炫耀，结果一不小心就把瓶子摔破，从此什么东西也没有。这个故事是释迦牟尼佛用来比喻一个人忘失了他的戒法，就跟穷人打碎天德瓶一样。

佛陀一再把人称为宝瓶并不是偶然的，因为人本来就非常尊贵，在六道中，人是非常尊贵的一道，我记得在读《阿含经》时，常常看到释迦牟尼佛在某某国人间游行。“人间游行”这四个字令我非常感动，一个证得果位的佛，每天都在人间游行，接受天和鬼的供养，很多鬼跑来请他教化开示，释迦牟尼佛便住在鬼所变出来的房子跟鬼开示，也有很多天人从天上下来求他开示，经典里告诉我们释迦牟尼佛在人间游行，而不在天上或鬼道游行，就是表示人间非常尊贵。因为人道是“共通道”，鬼神畜牲道的众生都可以来人间。

有一次，释迦牟尼佛到了忉利天宫，为他的母亲摩耶夫人说法，天宫的天帝便问他：“请问佛要吃什么样的食物，要天上的或者人间的?”释迦牟尼佛说:“请你为我准备人间的食物吧,因为我是在人间出生、行道,最后在人间得道,所以我要吃人间的食物。”对于天人来说,人间的食物是非常粗糙,难以下咽的,可是释迦牟尼佛却甘于人间食物,这对于我们而言,是一个非常伟大的教化。由于天人非常细腻,人间的食物就显得粗糙。

释迦牟尼佛有一个弟子,因为有福德,死了以后就升天变成天人,当他醒来后,发现自己在天上,非常惶恐,因为他找不到教化自己的佛陀。于是,他便用神通力将自己变回人间,到了佛陀的面前,结果发生了一件有趣的事,这个天人无法站立,就像酥油一样软瘫在地,他用尽各种神通,都无法使自己站立,他急得满头大汗,释迦牟尼佛说:“你只要把自己的身体和心性变得粗糙一点,就可以站立。”这个天人按照佛陀的话去做,果然站立起来。

读到这里令人非常感动,天人是很精致的,不像我们这般粗糙,尽管我们如此粗糙,佛和菩萨却如此疼惜、护念我们,把我们当做宝瓶看待。可悲的是,一般的凡夫并不知道自己是个宝瓶,原因非常复杂,不过,我们可以归出几个简单的因素,第一就是无始劫以来的无明，无明就是来自黑暗、莫名其妙的力量，找不出原因的念头。第二是长期以来，我们受到贪、嗔、痴、慢、疑的熏习，以致不知道自己是个宝瓶。第三是对情欲的执着使我们轮回升沉，永远找不到清白的一天。当别人结婚时，我们常常祝福他们永浴爱河，也就是永远沉浴在爱河里，不得解脱。我们从无始劫以来，每一生每一世都想重新沉沦在爱河里，所以就回到这个世界，不知道自己是一个宝瓶。

看清自己的瓶子

理论上，我们每个人都是宝瓶，事实上，我们装的却不是宝，我们所装的东西，第一个是无始劫以来的无明，像我有一个嫂嫂非常喜欢汽油的味道，每次开车到加油站都要下来深呼吸，觉得汽油的味道是人间最好的气味，她自己也不知道其中的原因，这就是无明。第二个，贪嗔痴慢疑的熏习使我们的心念经常浮动，沉沦到一些不可救拔的地方，也看不到自己的宝瓶。第三个，情欲的执着是非常可怕的。为什么我们看不到自己珍贵的地方？因为我们没有将宝贵的瓶子拿来装宝。

有一部经典叫《大方广宝匣经》，里面讲到有一次须菩提问文殊师利菩萨说：“你说法性是一如一实际，云何分别说器或非器？”这句话译成白话就是说：“你常常告诉我们法性只有一种实相，为什么我们常常说烦恼习气是不好的东西，而智慧慈悲是好的东西？”文殊师利菩萨回答说：“这就好像做陶器的人用一种泥土做出各种器物，这些器物用同样的火烧成，可是每一个人拿到器物后都作不同的用途，有的人拿来装油，有的人拿来装乳酪、蜂蜜，或者不干净的东西。”他向须菩提说明一法性当然只有一种平等的实相，随着业障和行为的不同，所装的东西就不同。

拿来装酥油的就是声闻缘觉的小圣，装蜜的是菩萨，拿来装不干净的东西就是小凡夫，像你我一样。当我们回头来看自己的身体时，发现自己和菩萨的身体差别不太大，不过，当一个菩萨坐在佛堂或寺庙里，我们很容易就看出他是一个菩萨，和我们不同，因为他是用金、用铜、用木头雕成的，若是菩萨走在街上和我们擦身而过，我们往往不知道他是菩萨，为什么？因为他的身体外形和我们一样。其实，我们和菩萨不同的地方并不是身体，而是身体里面装的东西。在这么长久的岁月里，我们的宝瓶到底装了哪些东西，简单地说，第一，装满了情欲和执着。第二，装满了贪、嗔、痴、慢、疑。第三，装满了生、老、病、死、爱别离、怨憎会、所求不得、烦恼炽盛八种痛苦。第四，装满了眼、耳、鼻、舌、身、意的种种见解，第五，装满了生死无常和因果业报。我们的宝瓶装了太多东西，再也容纳不下其他东西，我们舍不得把这些东西丢掉，所以就很难看清自己的瓶子。

禅宗里有一个故事说，从前有一个很有学问的大学教授去拜见一个禅师，想要和禅师学禅，禅师拿起一个空杯子说："你先喝一杯水吧。"便端起壶将水注入杯中，水满之后还继续倒，这个教授连声说："水已经满了，不要再倒。"禅师便对他说："你现在杯子那么满，如何来跟我学禅？你先让杯子空一下，我才能将水倒进你的杯子。"这是一个很好的教化，我们在生活中每天都装得很满，所以没有空间来容纳别的东西，因为没有空间，也就没有资格来学佛菩萨和禅道，也由于空间太满，我们会觉得内在没有什么东西可追求或者去追求，久了便养成对外追求的企图心。

我曾经读过一本关于“宫本武藏”的书，里面写道宫本武藏有一个弟子想来和他学武术，这个弟子跑来见他说：“师父，我想跟你学习。”宫本武藏问：“我有什么东西可以教给你吗？”弟子说：“我想成为一流的武术家，请问需要多少时间？”宫本武藏说：“十年。”弟子一听，觉得十年太长了，便说：“十年对我来说太长了，如果我加倍用功，每天多花一倍的时间来练习武术，要多久的时间才可以成为一流的武术家？”宫本武藏说：“那就需要二十年的时间。”学生一听不得其解，又问：“如果我日夜不懈，努力精进，需要多久的时间才可以成为一流的武术家？”师父说：“那就需要三十年。”学生追问原因，师父便说：“因为你的两个眼睛一直盯着目标，哪有精神回来看自己？”这也是一个很好的教化，我们在生活中学习任何事情，总是把眼睛往外看，耳朵往外听，鼻子往外闻，舌头往外尝，哪还有眼睛回来看自己？有耳朵回来听自己的声音？有鼻子回来闻自己的方向？大家是否吃到从内心深处涌现出来如甘露般清凉的东西，如果没有，就是因为我们没有把舌头留给自己回来品味内在世界。由于我们的眼耳鼻舌身意每天都在往外追求，所以念头也就永远没有止息的一天。若是有人不和我们一样往外追求，我们就会觉得他很奇怪。

有一个禅故事说，某个禅师有一天站在山顶上，有三个旅行者路过山下，看到山顶站了一个人觉得很奇怪，其中之一便说："这个人一定遗失了他心爱的动物，才站在山顶上寻找。"第二个人说："不是的，他一定是到山上去访友，否则不可能一个人跑到山上去。"第三个人说："你们都错了，这个人一定是在山上呼吸新鲜空气，或者观赏美丽风景。"这三个人彼此互相说服，却因为没有充分理由而吵起来，后来，他们决定从山下爬到山上去问这个禅师。第一个问："请问你是不是遗失心爱的动物，才在这里寻找？"禅师说："不是，我没有遗失心爱的动物。"第二个问："请问先生你是不是到这里来找朋友，不然怎么会一个人站在山上？"禅师说："不是，我没有朋友住在这里。"第三个问："那么你是不是在这里呼吸新鲜的空气或者欣赏美丽的风景？"禅师说："不是。"三个人深为疑惑，便异口同声说："那么，请问你为什么站在这里？"禅师说："不为什么，我只是站在这里。"

这个公案给我很大的启示，我们常常对这个世界做很多揣测，认为每个人都和我们一样在奔波；追寻外在变化的世界，而这种追求也导致我们的生命产生变化。

我刚才讲的这三个故事令我们回想到三个重要的问题，第一，我们能不能让自己的瓶子空一下、用一种谦卑的态度在这个世界学习？我称这个观点为宝瓶观点。第二，留下一个眼睛来观照自己，不要永远向外看。第三个观点是：一切事物都是有为、有企图、有欲望的，那么我们可不可以留下一个无为、没有企图和欲望的心来看这个世界？如果我们常常使瓶子处在空的状态，就能够往内观照，用无为、无求的单纯的心去对应这世界，当我们用单纯的心去对应世界时，就比较能够看清自己的宝瓶。看清自己宝瓶空的状态，在禅宗叫悟，佛法里叫般若的开启，哪一天，我们可以不用肉眼、不用满溢的姿势、不用欲望的心去看清自己的瓶子时，就是一己开悟的时机。

努力打开执着的瓶塞

除了瓶子太满、向外追求、有企图心这三点外，更严重的是有一个瓶塞把我们塞住了，这个瓶塞就是执着。经典里说执着就是有分别相、人我相、众生相、寿者相，也就是说有别人和自己、菩萨和众生，以及寿命的分别。我们经常喜欢把这个世界上的许多东西归为自己的，因为如此，使得自己感到非常痛苦；担忧东西会不会被偷，东西在手上令我担忧，失去后又令我心碎，这些都是执着所造成的痛苦。

多年前，我在《中国时报》服务，一个月领四千块的薪水，我每天省吃俭用，想存一笔钱娶老婆或做很多事。终于有一天，我存到了二十万零一千块，当天晚上我看着存折，心里充满了喜悦，我收起了存折不到一会儿，有一个朋友紧急地跑来找我，对我说他现在有一个难关要度，正好缺二十万，问我能不能借钱给他。我这个人最大的缺点就是心肠太软，听完他的痛苦后，马上答应把二十万借给他，他也向我保证四个月之内一定将钱还我。接下来四个月，我心想他不会那么快就还钱，活得很自在。可是从四个月后的第一天开始，我就变得很紧张，不知道二十万要不要得回来，经常被噩梦惊醒，自己也不好意思去讨钱，只能把痛苦放在心里。这样子过了一年，我心想这笔钱大概要不回来了，便又自在起来，我想这二十万也许不是我的，而是我朋友的，不然他怎么如此神通，知道我正好有二十万？我之所以舍不得，因为我常常把这二十万当成自己的，才会痛苦不堪，现在他拿去用，换成他为了还不出钱而痛苦。当我把痛苦丢走后，就不再痛苦了。这一念之间的开悟，使我把担子放下来，轻松了好久。

两年后，有一天，这个朋友又来找我，告诉我他来还钱，除了二十万，他还算给我利息，我欣喜之余，直觉得得这笔钱是从天上掉下来。当天晚上，我拿了这笔钱去买了一部拉风的跑车，每天开车时都很感恩，觉得这二十万是菩萨赐给我。几年后，我撞车受伤了，心里便想：如果我的朋友不还我二十万，我就不会撞车，更不会受伤。所以，因缘是非常奇妙的，当你把东西视为自己的，感觉非常痛苦，而东西被别人拿去，你却依然认为是自己的，就更痛苦。拿了你东西的人认为这个东西是你的，他也会痛苦。因此，执着可以说是生命痛苦之源。

除了金钱之外，我们会对情欲、亲情、友情、珠宝等等执着，为什么会执着，因为认为东西是自己的，或者还不是自己的，却想拥有它。有一天，我们去逛街，看上一件衣服，可是又觉得太贵，回家后，心里很痛苦，第二天下定决心，不管多贵都要买，去的时候却发现衣服已经被买走了，顿时又会后悔痛苦。换成我反而会很高兴："啊！幸好昨天没买，终于被买走了。"跟着放下心里的负担，真好！

情欲也是一样，男女在谈恋爱时为什么会那么痛苦？因为认定对方是自己的。可是你有什么资格说他是你的？他是他，绝不是你的，就因为你认为他是你的，所以在他离去时会变得很痛苦。

我们要把瓶子放空，得到内在和反观及一切无为无求。最重要就是把瓶塞打开，也就是去除执着，让自我的空气流出来，别人的空气流进来，让自己的心性透过瓶盖进入法界，也让法界的动静流进我的内在世界。我们刚开始学佛时，常觉得我是我，菩萨是菩萨，可是经典里却说，当我们的内在升起一个念头时，在虚空中的佛和菩萨听来就像天边的响雷一样，为什么？因为佛菩萨不仅打开了瓶盖，而且粉碎了宝瓶，有一个很纯净的空性。我们之所以无法和法界交通，不知道自己的念头在佛菩萨的耳里像天边的响雷那么大声，就是因为我们的盖子没有打开。当我们开始学佛道，感受到内心逐渐清净，走在路上突然听到有人讲脏话，感觉就如同天边的响雷一样，为什么？因为我们身心清净，而脏话突然污染了我们的心。此时，我们就可以感受到自己已经打开的喜悦和光明。

经典里记载说，一个刚开始在修行的人就像一块黑布，不管倒了多少墨汁上去，都看不出来，而修行逐渐清净的人，就像一块白布，只要沾上一滴墨汁，便非常醒目。所以我们读经典时，会看到经上写着：佛要说法时，大地会震动，天雨曼陀罗花。在我们的感觉中，这似乎是神话，其实不然，只因为法性是法性，你是你，而且没有打开瓶盖，所以你不能感受到大地震动及满天飘洒的莲花香。有一天，你打开自己的瓶盖，能够感受到经典上的记载，就知道佛没有妄语。

当我们认识到自己是一个宝瓶时，就要努力地使自己执着的盖子打开，以进入法界，同时让法界进入我的世界，释迦牟尼佛曾在《楞严经》里向阿难讲过一个关于宝瓶的譬喻，他说，有一个人拿着一个塞住的宝瓶到千里之外，希望把宝瓶里面的空气分给别人享受。当这一个瓶子在这国塞住却到另一国才打开时，瓶子里的空性已非原来的空性，而是融合了两边的空性，如果瓶盖不打开，那么里面的空性仍是原来这一国的。

为什么佛陀说将盖子打开后，便不是这国或那国的空呢？如果它是本地的空，当你贮空而去，本地的空应该少一块，事实上并不然。其次，如果它是另一国的空，那么开瓶时，你应该会看到空流出来，然而你却看不到，为什么呢？因为一切意识都是虚妄的，我们认为它是实有的，乃在于我们被一个瓶盖所盖住。我们在家里念佛打坐时，念头总是起起落落，念头之多，在经典里也提到过，一个小时六十分钟，一分钟六十秒，一秒钟六十个刹那，一个刹那里有很多的念头，这么多的念头哪一个才是真实的？没有一个是真实的。

如果我们将盖子打开，跟外面的世界就可以混然一片，那么我们的执着也就没有意义，也就是说，当我们把宝瓶的盖子打开后，将瓶子放到西方净土，它就与西方净土融为一体，放到人间净土，瓶子的空就和西方净土的空混在一起，拿到鬼道去，它就和鬼道混在一起……这就是随顺众生。

自见清净包容虚空

释迦牟尼在这里传达一个观念，就是一个人的瓶子包括了色、受、想、行、识五种东西，他告诉我们这五种东西都是虚妄的，可是我们都把它当成实有，他用了很多譬喻来解释它是虚妄的，第一个譬喻是关于色，释迦牟尼佛说："譬如有人以清净目观晴明空，唯一晴虚，回无所有，其人无故，不动目睛，瞪以发劳，则于虚空，别见狂华，复有一切狂乱非相。"当一个人坐在那里瞪着虚空，似乎会看到虚空里好像有很多狂花乱舞，其实虚空里并没有花，只因为他的眼睛疲劳，才会看到虚妄的现象。

第二个譬喻是受，他说有一个人："手足宴安，百骸调适，忽如忘生，性无违顺。其人无故，以二手掌，于空相摩，于二手中妄生涩滑冷热诸相。"当一个人坐着无所事事时，把双手拿起来一搓，会发现好热，这个热本来是个妄相，因为你搓起才出现，这就是感受的虚妄。

第三个譬喻是想，他说："譬如有人谈说酢梅，口中水出，思踏悬崖，足心酸涩。"译成白话的意思是：就好像有人一谈酸梅，就开始流口水，原本并没有酸梅，只因为你想到它才会流口水。当你一想到站在悬崖上面，两条腿就忍不住发软。

第四个譬喻是行，“譬如瀑流波浪相续，前际后际，不相逾越。”我们知道河上有草木、树叶、花朵，它们都顺流而下，彼此之间不会顾望，这就像我们在生活中所遭受的一切行为，它是顺着因缘而走，前后不会互相逾越，所以它也是虚妄无实的。我们要抓住自己所讲过的一句话，是来不及的，因为它随即融入虚空，就像流水一样。

因此，我们可以看到自己宝瓶里所装的东西都是虚幻无实的，这些东西都会毁灭和败坏，可惜的是，我们都把这些东西视为真实，大家看到我会认为我是真的，其实我从前不在这个世界，将来也会离开这个世界，这是色的虚妄。我们感受到天气很冷，这种感受很快就会过去，因为它是虚妄无实的。我们想念远方的朋友，这种想念也很快就会过去，我们的一切行为都是虚妄无实。所以，释迦牟尼佛在《圆觉经》里曾对普眼菩萨说：“证得诸幻灭影像故，尔时便得无方清净；无边虚空，觉所显发。觉圆明故，显心清净，心清净故，见尘清净，见清净故，眼根清净，眼清净故，眼识清净。……鼻舌身意，亦复如是。”译成白话就是说：一个人若是能够知道所有的影像幻灭都是无实的，便可以得到清净，这种清净使他可以进入无边的空性，无边空性的显发可以使他的内在圆满宁静，圆满宁静使他的心清净，因为他的心清净，眼睛所见到的就清净，由于所见皆清净，耳根跟着清净，耳、鼻、舌、身、意的观照也都清净。

一个人企图使自己宝瓶内的东西不存在是不太可能的，但是我们可以观照到它是虚幻无实，进而升起清净真实的心，如此便逐渐可以使眼、耳、鼻、舌、身、意、色、受、想、行、识等等得到清净，当一个人见性时，就可以自见清净，这时候他可以包容整个虚空，因为他打开了自己的瓶塞，可以和法界合一。

空性不受外界转动

在《楞严经》里，释迦牟尼佛曾对阿难说过：“譬如方器，中见方空。”意思是说，方形的器皿中间所装的虚空是方形的，然而虚空并非固定的方形。如果它是方形的话，当我们拿一个圆的器皿塞入这个方形器皿中，我们会发现里面有两个空间，一个是圆形空间，外围是方形空间。我们知道虚空是不定的，所以在方形器皿中应该没有方形空间，可是为什么却又有方形空间呢？释迦牟尼佛说：“义性如是，第一义谛。”人的自性就像这个样子，当自性显露时就像空性一样，可以装在方形或圆形的器皿里，而空的本身并不会受妨碍，因为空本身并没有一定或不一定的问题，问题在于我们自己限制了空性。了解到这一点，我们要认识净土宗、禅宗和密宗的精神就比较简单。

我曾经说过净土的修行并非那么艰难，但也不是很容易，净土的修行最重要是依照阿弥陀佛的愿力，这种愿力非常伟大，好比他说：“好吧，你们现在念我的名号就可以得救，能够到我的净土来。”可是众生因为瓶盖没有打开，就说：“阿弥陀佛请等一下，我觉得自己现在配不上净土，等我回去礼拜十万次，每天念佛一万次，觉得配得上净土时，你再来接我。”这么一来反而伤了阿弥陀佛的心，因为我们不能真实了解他的愿力，他的愿力是广大无边的，他哪里在乎你礼拜多少次，念佛多少句，他要你现在就依靠佛的愿力得度，所以，不要担心自己礼佛不如别人次数多，我告诉大家，要靠自己的力量去净土是无望的，一定要依靠佛菩萨的愿力才可以去净土。这种愿力为什么那么伟大？因为它是一个空性，可以包容任何器皿。我们把任何东西——垃圾或珍宝——塞在空性里，并无损于空性本身，所以对佛和菩萨来讲，救度任何众生都是好的、平等的、没有损失的。

我记得日本有一个净土真宗的祖师叫亲鸾上人，他曾说过两句话："善人都可以去往生净土了，何况是恶人？"对佛菩萨而言，根本没有善恶的执着，善人固然值得救度，可是恶人不是更令人悲悯同情吗？而恶人要凭靠什么去往生净土呢？就是佛的伟大愿力。

佛经告诉我们："此处没而彼处现。"这是一个很伟大的教化，这里面没有时间空间的执着和限制，你那一念间交给佛的伟大愿力，那一念就在净土里，这就如释迦牟尼佛所说的，一个人把瓶子打开，任何空间对他都没有妨碍，所以我们要试着打开自己的宝瓶，没有执着的念佛、禅坐、观想、修习，这时候我们才可以体验到空性，体验空性后，我们会得到很大的欢喜，这种欢喜叫法喜、禅悦。为什么有法喜和禅悦呢？因为把瓶盖打开，能够为众生服务，并且真实知道服务的目的。所以在密宗的教化里提到："一个人如果真实发起菩提心，即使拿一粒米喂给小鸟吃，也是最大的慈悲。反之，没有真实的菩提心，即使把全世界的东西都拿来供养如来，所得到的功德还不如前者。"

谈完"譬如方器，中见方空"的观念后，释迦牟尼佛说："一切众生从无始来，迷己为物，失于本心，为物所转，故于是中观大观小，若能转物，则同如来，身心圆明，不动道场，于一毛端，遍能含受十方国土。"就是说我们无法看到清明的本心，乃受到世界所转动，这个转动包含有形如物质的眷恋，及无形如贪嗔痴的执着，就像一面墙壁遮住我们，使我们的眼光受到局限，如果我们有能力穿越这道墙，就能看到众生，这时自己就是个不会被转动的道场，每一根毛发里都可以看到十方诸佛的国土，为什么？因为诸佛的国土在虚空里，这个虚空可以进入我们的身体里面，你也可以含摄它们。

开启宝瓶的四加行

刚刚谈到投身到这个世界的佛和菩萨，身体同我们一样装了很多东西，那么究竟又和我们有何不同呢？第一，他的瓶子里另外有一个不为我们所知的东西，叫做“空”。第二，他可以依照这个空慧来看待因缘，也就是说没有东西是属于我的，我的身体只是因缘变灭的一个环节，由于这种看待，使他可以得到平安和欢喜，第三，他能用方便法来处理虚幻的东西，佛菩萨和我们同样有身体，但是他懂得将身体方便来用。

所以，佛菩萨在认识自己是宝瓶后，能够面对真实的生命。至于要如何面对呢？这种面对正好是开启宝瓶的方法。

第一就是把握当下，不要懊悔以前和未来的作为，禅宗里有两个故事可以说明这一点。其一，从前有一个医生去找某个禅师，问他：“师父啊，我想跟你学禅，你可不可以教我如何学禅？”禅师告诉他：“你好好回去当你的医生便是在学禅。”也就是说好好把握当下的生活，在生活中保持专注的精神，就是学禅。其二，是发生在日本，日本有一个伟大的女尼叫慧春禅师，这个禅师从年轻时就出家，而且长得非常漂亮。她每到禅场，很多和尚都暗恋她，连她二十个师兄弟也不例外，其中有一个师兄弟忍不住鼓起勇气写了一封情书给她，她看到情书后不动声色。

有一天，禅堂正要开始打坐，二十个和尚坐在一边，另一边坐着比丘尼，慧春禅师突然站起来面对着写情书给她的那个和尚说："你既然那么爱我，现在当着大家的面说出来吧，你爱我那么深，现在给我一个公开的拥抱吧。"结果二十个和尚听了都满头大汗，同时开悟。

公开地、明朗地对待你的世界，这个就是最好的生活态度，也是慧春禅师给我们的教化。由于慧春禅师已经彻底证悟，到了六十岁时要自焚，她在座下铺了很多稻草木柴，然后点火燃烧，在旁观看的一个和尚忍不住问她，"你坐在里面燃烧不热吗？"慧春禅师说："我这里没有冷热的问题。"讲完后就火化了。这是多么惊人的修行啊。所以要把握当下，也就是保持专注，公开明朗地对待你的生活。

中国有一位天皇道悟禅师，某天去向石头希迁禅师问道，他们谈了很多，最后天皇禅师说："按照你所说的，我们究竟有什么重要的事可以教化后人呢？"石头禅师突然大喝一声说："谁是你的后人？"他说完后，天皇道悟满头大汗，立刻证悟。因为在无始劫的轮回里，没有谁是我们的后人，所以佛经常说："不轻未学。”不要轻视那些还没有学习佛法的人，为什么？因为在无始劫的轮回里，每一个人都是我们的前辈，认识到这一点，就要把握当下。这辈子我们如果不能得到解脱，下辈子就是自己的后人，还要用什么来教化后人呢？

把握当下的精神可以让我们认识到人身难得，天下有那么多众生，唯独我得到人身，在人间游行一定有其意义，要开启这个意义，把握当下，这是第一个打开宝瓶的方法，也是打开之后面对生命的方法。

第二个就是要认识我们的极限，保持广大的心。我们知道人生无常，就像文天祥说过的：“存心时时可死，行事步步求生。”存心时时可死就是知道人的极限和人生无常，而行事步步求生就是要在极限中创造最伟大的意义，同时努力修行。

第三个就是要随顺自然、顺势而动，一个修行菩萨并不是要来逆转这个世界，他只是顺势让众生明白一个人的清白、觉醒是多么重要。顺势而动有一个比较简单的方法，就是当外境动时，内心不动，另外就是外境不动时，内心也提升。在安静中体会无限繁华，而在无限繁华中体会到安静。从佛法来讲，便是要认识到因果是真。因果是使我们人生顺逆的元素，我们之所以有顺境逆境，完全因为因果的关系。佛菩萨知道顺逆可以转动，所以教化我们不要被顺逆所转，而要顺势而转。对于修行者来讲，有两个原则非常重要，第一要忍无可忍，也就是忍到世界上没有任何东西要忍受，换句话说就是不觉得自己在忍受，因为知道因果是真，这个果原本就是自己应该忍受的，认识到这一点，就不觉得忍无可忍之苦。第二就是要逆来顺受，也就是碰到逆的事情时，内心要用顺的方法来受。

第四个就是与世界同步却不与世界同见。我们和这个世界的人同样走在街头、逛百货公司、吃饭、睡觉，可是却不同于他们，为什么呢？因为我们保持觉性和光明的态度，我们认识到“轮回是苦”，今天我之所以来到这个世界无法得到解脱，就是因为我现在还在轮回。轮回不是一生一世的事，而是每天的事，每天我们都要感受到轮回是苦，但是我要天天看清轮回是苦，如此才能像经典所说的：“香象渡河，截断众流。”也就是说一只很大的六牙香象走进生死的河流，立刻使河水断流。所以，与众生走在一起，要有超越的心，而在污秽的世界中保持清明。

我刚刚谈到宝瓶开启后，要认识到第一，人身难得。第二，生命无常。第三，因果是真。第四，轮回是苦。这四件事在修行上叫四加行，四加行是所有菩提道的入门，如果不能认识到这一点，就不能发起真实的菩提心，勇猛地认识菩提道，这个观念就是从宝瓶灌顶来的。至于为什么要修四加行？因为修完四加行后就可以接受宝瓶灌顶，而且修四加行的功德可以使我们的宝瓶清净，和本尊上师相映，进入佛菩萨菩提和般若的世界。

现在我们试着检点自己的宝瓶，打开自己的盖子，这在禅宗里称为“云在青天水在瓶”，也就是“悟”。试着把宝瓶倒下来，检验里面的空性，这种检验就是“般若”。让我们将所有放进宝瓶的东西都变成最美好的，把心头升起的贪念转成戒，把嗔念转成定，把愚痴转成智慧，让一切烦恼都能转化，这就是“菩提”。所以说，我们的宝瓶有很多作用，它使我们开悟、得到般若、开启菩提。

有一次，我在一个朋友家看到他有一个紫色的水晶宝瓶，里面装满了黄色东西，看似珍珠，又像琥珀、蜜蜡，结果朋友告诉我，瓶子里装的是黄豆。当时我非常感动，因为黄豆装在一个宝瓶里，看起来便显得很珍贵。如果我们能让自己变成一个宝瓶，那么任何东西装进我们里面，都会变得很宝贵，所以我们要经常记住三件事：第一，就是努力地使瓶子打开。第二，努力检验观照自己内在的空性，也就是般若。第三，努力开放自己，让所有进入的东西都变成美好、有意义、具有启发性的，这也就是菩提。

不要小看我们的身体，也不要为求往生西方世界而丢下这个身体，因缘若是未到，我们是丢不下的，这也就是“因果是真，轮回是苦”的道理，认识到这一点后，就要好好善用有限之身去做一些好事情，同时用有限的身体来做无限的事业。最伟大的无限事业就是走向菩提道、往生西方世界、东方琉璃净土和诸佛同步、法性合一！

缺憾还诸天地

我高中在台南念书，台南有一座延平郡王祠，供奉郑成功，祠里有一副对联，上联是："开万古得未曾有之奇，洪荒留此山川，做移民世界。"下联是："集一生无可如何之过，缺憾还诸天地，是创格完人。"这首对联是由沈葆桢所写的。我在十六岁时首次读到这副对联，心里非常感动，特别是下联，给我的感触更深，我们若将它译成白话，意思是："郑成功的一生有很多无可如何的遭遇，到最后若将他的缺憾还给天地，那么他就是一个开创风格完美的人。"这一段话不只适合于郑成功，也适用于世界上一切的人。从佛教的观点来看，当我们离开这个世界时，把所有不完美的东西还给天地，我们就变成一个完美的人。

为什么会有缺憾？为什么要还？要还给天地？当我们把缺憾全部还给天地时，所剩下的又是什么？又将会产生什么光景？这也就是我在这个讲题中所要说的。

延平郡王祠还有一块由从前的台湾知县白鸾卿所写的匾，引自赵匡胤的训示，即："尔俸尔禄，民膏民脂。下民易虐，上天难欺。"译成白话就是："你的薪水都是由人民的血汗所得来的，你可以轻易去凌虐老百姓，然而老天爷却是不能欺瞒的。"这是一个很重要的思想，如果没有这种思想，就很容易陷入无所不为的状况。

抱着敬天畏地的态度

我曾经说过释迦牟尼佛在证悟的最后七天走到一棵菩提树下，对着一个金刚宝座说："不证菩提，誓不起座。"然后他便坐上宝座，进入三昧，在这段时间，魔王用尽各种方法来扰乱他，可是释迦牟尼佛却不为所动，后来，魔王对他说："如果你有充足的理由说明自己能证得解脱，我便不再干扰你。"释迦牟尼佛用手指着大地，意思是说，"从无始劫以来，我已经做过很多努力和修行，这些都留在天地里，天地可以为我做见证。"这是非常令人感动的故事。所以做为一个修行者，敬爱天地是非常重要的。

很多佛教徒刚开始学佛就说："我们佛教非常伟大，横超三界，不被天地所限制的。"其实，这是就一个成就者而言。一个刚开始学习修行的人一定要仔细检点人生这么渺小，生命如此有限，而天地这么广大，所以要时时抱着敬畏天地的态度。

有一次，我和朋友经过北海的十八王公庙，朋友问我要不要进去拜一拜，我说好。出来后，另一个朋友问我："你不是佛教徒吗？为什么到十八王公拜拜？"我说："十八王公在我的眼里是众生、菩萨，也是佛，所以我来礼拜它。"

对一个佛教徒而言，不论面对十八王公、妈祖、神，或天地，都要用虔诚的态度来敬佩它们，赞叹它们。要知道我们在修行的过程中有很多经验、困难和苦难，这些困难、苦难和经验，需要很多善缘来帮助我们，这些善缘包括佛菩萨，龙天护法，还有我们所遇到的每一个众生。

讲到敬畏天地，我想到前不久我到垦丁的龙坑去，龙坑遍布各种礁石，海浪往往被礁石激起数丈高，当地是管制区，我的朋友特地带我到那里去看海浪，等了很久，海浪都没有喷上来，我觉得很无聊，就和朋友相偕要离去，走到一半，忽然听到一声"哗啦"巨响，回头一看，发现一波海浪冲上礁岩后，掀起约四层楼高的浪花。那时我非常感动，当场便跪下来对着海浪礼拜，心想这是一个多么伟大的天地啊！天是那么广大，山是那么崇高，海是那么雄壮，土地那么有力量。当你说“我要横超三界”、没将天地放在眼里时，要回头想一想自己有海、有山、有天的几分之几？

净土就在眼前

在佛教中，有一个非常伟大的祖师叫龙树菩萨，龙树菩萨生在释迦牟尼佛入灭后的一千多年，他曾经进入龙宫取《华严经》，开铁塔传密宗，写过《大智度论》、《中论》、《十住昆婆娑论》，是大乘八宗的祖师，被公认为释迦牟尼佛第二。

龙树菩萨第一次接触到净土宗时，读到法藏比丘的四十八愿（法藏比丘成佛后即为阿弥陀佛），深受感动。他相信净土是解救众生最快、最方便的法门，于是他就越过恒河的北岸往南岸走，决定在恒河的下游弘法。恒河的下游是释迦牟尼佛弘法的地方，曾经有过非常辉煌的佛教岁月。到了龙树菩萨时，那里的佛法已经没落了，没有了大乘佛法，只留下小乘佛法和婆罗门教。

龙树菩萨到了这里，看到佛教的没落，心里非常悲伤。走在路上，又看到有一种人穿着破旧，身上都挂着铁片，他想上前一问，当场就被人拉住说："不要靠近他们，他们是'不可触'阶级。"传说中碰到这种人的衣角或身体就会倒霉。为了避免碰到他们，才在他们身上挂着铁片，以便使听到铁片声音的人都走避。龙树菩萨听了当场流下泪来，他跑过去拉起一个"不可触"阶级的手说："你们的生命这么苦难，我可以教你们一个简单的方法，只要好好地念阿弥陀佛，将来就可以得到解脱，往生极乐世界。"

"不可触"阶级的人被他一拉，吓了一大跳，因为在他们长大的过程中，从来没有人碰过他们的身体或正眼看过他们，他们的一辈子就像野狗一样在街上穿来穿去捡垃圾，甚至不如野狗，像蚊虫那般卑贱。"不可触"阶级原本不相信龙树菩萨的话，可是一看到他虔诚安定的眼光，立刻被感动，相信他所说的佛法："在佛的眼里，所有的人都是平等的，只要念阿弥陀佛的佛号，依靠它的愿力，就可以往生西方极乐世界呀！"

龙树每天到处宏扬净土法门，首先被他感化的是"不可触"阶级，他们都来皈依他、供养他。逐渐地，其他的平民，甚至连贵族，听到他的说法都非常欢喜，也来皈依他，而当地的婆罗门和小乘的比丘听到阿弥陀佛的佛法，也来皈依龙树菩萨。有一个人皈依并捐出一块土地，在大家合力之下，一天之内盖起一座庙，让龙树菩萨住在里面。当时，龙树菩萨充满了信心，心想：阿弥陀佛的力量真伟大，自己一开口宣说它的法门时，所有的人都信受奉行，连卑贱的“不可触”阶级也奉行。

可是，龙树庞大的影响力立刻威胁到贵族阶级，这些贵族原本高高在上，可是龙树却告诉大家：“众生都是平等的，只要念佛就可以往生极乐世界。”这不等于要粉碎贵族们努力建立起来的阶级吗？所以，贵族很不高兴，就派了三个很强悍的人去打击他。有一天，龙树走在路上时，这三个人拦住他，第一个说：“你所讲的西方净土是不存在的，你去过西方净土吗？”龙树是一个非常诚实的人，一生从来没讲过妄语，他呆住了，不知如何作答。第二个问他：“你说在这个苦难世界，只要念几句佛号，就可以往生净土，你既然没到过净土，是否有人去过，回来告诉你呢？”龙树也答不出来。第三个问：“你是个伟大的修行者，如果真的有阿弥陀佛和净土，你为什么不叫他们现身出来让我们看一看，如此我们立刻信服你。”三个人说完后，告诉龙树：“如果你不能回答三个问题，以后就不要在这里宏扬这种虚妄的法门。”然后就动手要揍他，龙树坦然要接受他们的殴打，幸好有个龙族酋长把他救了。

龙树菩萨被救了之后，心里非常感慨：“这三个人虽然这么凶悍，可是他们讲的话是有道理的，我应该把这三个问题想清楚。”于是他便独自到山洞里去闭关，并自问：“我虽然深信阿弥陀佛和西方净土，而且充满了无私和热情想来解救众生，但是这些并不能证明西方净土的存在。其次，释迦牟尼佛说了那么多净土，究竟为什么？为什么要说东、西、南、北，十方诸佛都是净土？第三，我每天向人介绍阿弥陀佛，可是我自己却没有看过阿弥陀佛，这不是在讲妄语吗？”他一直苦思这三个问题，经过五天五夜，已经累得无法再思考，眼睛刺痛得快闭起来，于是他就用手去抹眼睛，抹完眼睛后，发现有一根眼睫毛掉在手指上，他看了，跳起来，得到一个很重要的开悟，就是：“连我眼前自己的睫毛都看不见，还有什么资格谈净土法门？”他随即悟到西方净土不在遥远的地方，而是像睫毛一样就在眼前，只是我们看不见罢了。其次，他悟到释迦牟尼佛讲的十方诸佛的国土都没有分别，它所讲的净土和娑婆世界也没有分别，释迦牟尼佛的慈悲就像我们的睫毛保护着眼睛一样。龙树开悟后，非常欢喜，下了一个结论：“佛法是为提升我们的智慧而存在的，为了生命的希望而存在的，保持现世的希望和智慧正是走向净土的道路。”因为这个开悟，使龙树日后所讲的佛法将世间和出世间融合在一起，成为一个伟大的现实世界菩萨。

我们看不见净土却深信净土，二者是没有冲突的，就像我们看不见睫毛却知道有睫毛是一样的。由此也使我们反省到：一个修行者冀望净土是没错的，可是如果要圆满的话，就不能不看脚下和眼前的天地，所以禅宗里有一个很重要的口诀，就是：“看脚下”！

一切众生随业而生

当我们回过头来看脚下，会发现脚下和眼前的天地是有很多缺憾的，既比不上阿弥陀佛的西方净土，也比不上药师佛的东方琉璃净土，为什么我们会投生到这个有缺憾的世界？那是因为我们自身有缺憾，才会投生到这个世界。佛经称我们的世界为“娑婆世界”，还有一说为阎浮提世界。娑婆世界就是堪忍、缺憾、不圆满的世界，而阎浮提则是一种生长在印度的树，它的果实是紫色的，大小如麻雀的蛋，味道苦涩中带点酸甜，它的味道也就如这个世界一样，所以这个世界又称为阎浮提世界。

我们的缺憾究竟是什么呢？就是“业”。业就是我们欠这个世界的债，它在佛经中分成三种，一是善业，二是恶业，三是无记业。善业就是我们做的好事，恶业是伤害到众生的事，无记业则是我不伤别人、别人也不伤我的事情。我们可以这么说，恶业是我们欠这个世界的债，善业是这个世界欠我们的债，无记业则是两不相欠。

在经典中，业力有几种原理：第一个原理是“种瓜得瓜，种豆得豆”。第二个原理是“业像一张经纬线所织成的网一样，不独立存在”。所有的业都是纠结在一起，第三个原理是业是个体的，一个人自己造的业就要自己去承受。我们常说一个民族、国家、社会有共同的业报，叫共业，表面上看来，共业是一样的，大家都处在凄惨的情况之下，可是尽管如此凄惨，仍然有人全身而退，这是因为在共业中，每个人依旧承担自己的业，不是负担相同分量的业，所以，我们看一架飞机坠落，却有一个人活着，真是不可思议。但是若从业的观点来看就可以理解，那就是这架飞机是个共业，可是生存的这个人业不该死，也就活下来了。

再者，业力可分为两种观点，首先从时间来看，业可分为四种情况，第一是现世结果的业，第二是来世结果的业，第三是不定时结果的业，第四是已经过去的业。其次，从性质来看，业有几种情况：第一种是升发业，像种子从地中迸出来。第二种是支持业，也就是说业会支持下去，不会消失。第三种是消除业，除非使它迸出来，它才会消除。第四种是破坏业，只要它生出来，就有破坏力。

龙树菩萨对业有几个重要开示，第一："一切众生随业而生，恶者入地狱，修福者升天，行道者得涅槃。"第二："业分为意业和从意生业。"意业就是心意所造成的业，当我们闭上眼睛，很可能涌现很多念头，这些念头并没有实践，可是它已经从你的念头出来，叫做意业。当意业产出后，你没有抑止它，叫做从意生业，这种业是从言语和身体生出来的。第三："业的种子永不失去。"只有两种方法可以使种子失去，一是修道证得果位，二是死亡。第四："业是自我的、个体的、独立的、不可替代的。"这是原始佛教对于业的基本看法。

到了大乘佛教，将自我从时间和空间双方面开展，认为我们可以净化这个世界，洗涤这个世界一切污秽和不净的东西。经常有人会问："大乘佛教和小乘佛救在救度、解脱上有何不同？"二者最大的不同就在于看待业力的观点上，小乘认为业是不可替代，所以用三种方法来自救："一是自律，在佛教中叫戒，二是自禁，在佛教中叫定，三是自知，在佛教中叫慧。"所以，小乘是戒、定、慧具足。而大乘认为不但要自救，还要救人，它自救救人的方法有六种，就是布施、持戒、忍辱、精进、禅定、智慧，因为有了六度，所以可以慈悲喜舍，慈悲喜舍能够互相清洗，在大乘佛法里还告诉我们要依靠佛和菩萨的愿力来清洗。为什么会有这种差异？因为小乘看每个人是个体，大乘看每个人却是合体，从外在来看，每个人是有分别的，可是在内在里，大乘的观点是没有分别的。

而不管大乘或小乘都有几个共同的观点，第一就是：“业是造和受的问题，自性是不受染浊。”也就是说我从前造了一个业，今天必须来承受，当我承受完了之后，自性是不会受到染浊。不过，要承受业力的并不是自性，而是我们的身体。其次是“觉悟”，只有觉悟才是解除业的根本道路，至于要如何觉悟呢？就是使佛性显现出来，就如禅宗所说的“慧日破诸暗”一样。为什么佛性显现是除去业障的最快速方法呢？因为业障是无明和我执所造成的，而觉悟正好是破除无明和我执的方法。我们可以说业是一种不自由、受限制的状况，而一个自性解脱者在外在环境上仍然是不自由、受到束缚，但是他却可以用清醒冷静的态度来观照这种限制、束缚和不自由，有了这种观照，我们就会生出“还”的态度。

还清业报的四种方法

“还”就是把我们欠这个世界的还清，这个世界欠我们的不要收回。“还”使我们产生忍辱、逆来顺受、吃亏就是占便宜的观念。当别人来向你要债时，你要欢喜，想到：“他终于来向我要债了。”

关于“还”的观念，达摩祖师在《入道四行观》这本书中谈到一个人进入道的四种方法。第一种方法叫“报冤行”，当我们受苦时要常想从无始劫以来，我曾经做过许多伤害别人的事，这一辈子虽然没有伤害过别人，而我现在受到痛苦是因为从前做坏事的果已经成熟了，所以我要甘心承受，不起冤心。

第二个叫“随缘行”，当我们碰到喜庆荣誉时，诸如大专联考考上第一志愿，作文比赛得到第一名，或者得到一份好工作时，不要被它所转，而要想到我这辈子并没有做什么好事，这些都因为我从无始劫以来做了些好事，现在成熟了报在我的身上，随着缘尽了，这些喜庆荣耀便会消失。达摩祖师说：“得失从缘，心无增减，喜风不动。”不论得失都随因缘而走，心里不因得而增加，不因失而减少，也不会被喜悦的风所吹动。

第三个叫“无所求行”，为什么我们都会有所求？因为有所贪，才会有所求，修行者必须看清功德和黑暗是长相追逐的，其次要看清三界如火宅，每天燃烧着我们，第三要看清“有身皆苦”，所以我们要舍弃一切追求，安心无为，因为安心无为所以不会造业，别人对自己也就无所求。

第四个方法叫“称法行”，就是在一开始修行时就要相信佛法并没有众生，是空性而没有垢染。认识到诸法都是空的，正是进入法的方法。

简单来说，以上四种方法可以让我们“人道”，这四种方法都和我们的业有关系，也就是如何才能还清我们的业报，一是“报冤行”，二是“随缘行”，三是“无所求行”，四是“称法行”。但是要记得，当我们在还的时候还是要有守戒、行善的观念。达摩祖师曾写了一首偈以作结论：“亦不睹恶而生嫌，亦不观善而动措，亦不舍智而近愚，亦不抛迷而求悟。”就是说，当我们有这种认识后，碰到坏事不会起嫌厌的心，因为我们知道自己是在还业报，其次不会因为看到善事感到欢喜，而一直要去追求，因为我们知道这并非自己的功劳。第三，也不会因为想要还得快，而选择和愚者在一起，应该是对待智者愚者一视同仁。第四，不要抛弃不好的迷而去求悟，因为迷和悟对行者而言都有启发作用。

以上是修行者还债的态度，可是，要在这一辈子中将债还清是非常不容易的，我们现在来看龙树菩萨所著的《大智度论》里的一个故事，这个故事叙述佛陀和弟子舍利弗的事情，舍利弗是释迦牟尼佛的弟子当中智慧最高的。故事中说道：有一天吃过饭后，释迦牟尼佛和舍利弗信步在田园里散步，抬头看到天空有一只大老鹰在追逐一只鸽子，鸽子非常惊慌，飞到地面躲在释迦牟尼佛的影子里，结果老鹰看到释迦牟尼佛便没再追逐，径自飞走了。鸽子安稳地在佛陀的影子里走来走去，佛陀走上前去看它，舍利弗也跟着上前，当舍利弗的影子盖住鸽子时，鸽子“咕咕咕”失措地叫起来，全身颤抖不已。舍利弗不得其解，便问佛说：“世尊，你跟我都是解脱的圣者，为什么鸽子在你的影子下不会惊慌，在我的影子下却一直发抖？”

释迦牟尼佛说：“那是因为你的智慧还不够，你现在用神通力来观照这只鸽子的前世。”舍利弗立刻坐下来进入三昧，观照到这只鸽子的前几世都是鸽子，一直往前观照到八万大劫，发现它在八万大劫中都没有脱离鸽身，他再使尽各种神通力，却看不透在八万大劫之前的鸽子是什么形体，于是他出定报告了佛陀，释迦牟尼佛说："那么你继续观照它未来会变成什么？"舍利弗便又坐下进入禅定，观照后发现鸽子的下几世仍然是鸽子，他往后观照了八万大劫，发现鸽子仍没有脱出鸽类的轮回，而八万大劫之后，他却看不到，他满头大汗立刻出定告诉了佛陀，释迦牟尼佛说："这只鸽子在八万大劫之后就会进入六道轮回，过了一段时间后，它会投生为人，再过一段时间，他会有了善根，听到佛的说法，然后会受戒、修行，再经过几大劫后，这只鸽子会成佛，度无量无限的众生。"

舍利弗听到这里，立刻跪下来向佛陀礼拜说："世尊的智慧太高了，我虽然进入三昧，却仍然看不出这只鸽子的未来。"释迦牟尼佛说："你虽然证得阿罗汉，是个解脱的圣者，可是你的习气还没断尽，智慧还不够广大，因为你的习气未尽，鸽子在你的影子下会不安，智慧不够，才不能看清鸽子长远的轮回。"龙树菩萨在此下个结论说："舍利弗虽然是小乘的阿罗汉，智慧第一，但是他的智慧比起释迦牟尼佛却似婴儿一样。"

不过，我们也不可小看舍利弗，下次当我们遇到鸽子时，看它会有何反应，我们根本没有机会让它碰到我们的影子，它在离我们十尺之远就赶紧飞走了。也就是说我们的习气、业、烦恼没有断，而且还有杀念。当我们完全没有杀念时，鸽子看到我们就会立刻感受到，不会紧张地立即飞走。

由此，我们可以看出自己的身体乃至影子都和心结合在一起，当心清净，身体就清净，身体清净了，影子也就清净。所有的动物在我们的影子里都可以得到安顿。扩大来说，当我们开始学习佛法时，就在佛的影子里得到安顿。这个观点让我们明白身、心、影子，乃至整个世界都是不可分的。有些人说："学佛是在修心，身体不太重要。"于是"酒肉穿肠过，佛祖心中坐"。殊不知身体和心及影子都是分不开的，要使心清净，就要让身体和影子完全清净。

一朝一夕都有深刻意义

生活在这个世界是无可奈何的状况，我们带着这么多业报来到这个世界，也是无可奈何的状况。还好我们认识了净土、禅、佛法，使我们知道虽然生在这个缺憾的世界，还有可为，还可找到安顿。

禅宗有一则故事叙述：清朝乾隆皇帝有一次出巡到镇江金山寺，由住持法磐禅师陪同站在山头欣赏长江的景致，乾隆问法磐："长江一天有多少船经过？"法磐禅师说："只有两艘船。"乾隆觉得很奇怪："怎么只有两艘船？"法磐禅师说："一艘是为名的，一艘是为利的，所以只有两艘船。"这是一个很好的公案。我们每天走在台北街头，发现只有两种人在走，一种为名，一种为利，而表情也只有两种，得到的欢喜，失去的悲伤。

这个观点提供我们两个观点来看待业，第一，从大观点来看，我们和众生的业是不可分的，这个世界众生的业若未清净，我的责任也就未了，这是大乘佛法的观点，因为我和众生都是同坐在一艘船，所以不只要救自己，也要努力救别人，使大家的业一起清净，走向菩萨的道路。第二个观点，在为名为利这两艘船之外另造一艘船，走向全新的道路，这条全新的道路就是把我们的缺憾还给天地，这种"还"不能等到往生时才开始，而要从此时此刻还起。我想每一个学佛的人都会有这样的愿望：我要克服自己的业报，担负父母、兄弟、姐妹、朋友的业报，这样的愿望要从何时开始做起呢？就是此时此刻。

在日本的寺庙前通常种有一棵大树，让人家将抽到的不好的签绑上去，意思是：“我只要好的，不要坏的，坏的要还给这个世界。”于是，我们看到整棵树都被绑得白花花。然而，这种还并不是真正的还，只是表面上的做法，以求得内心安慰。真正的还是承担，看清业报，然后超越它。

禅宗里有一个天柱崇慧禅师，某天被弟子问到：“达摩未到中土时，中土有没有佛法?”天柱禅师回答说：“你不要管达摩有没有来中土以前的事，你要管你自己的事。”可是弟子还是听不懂说：“弟子不会，祈师指示。”天柱崇慧禅师说了八个字：“万古长空，一朝风月。”意思是说佛法无边，没有过去、现在、未来，然而不能只看万古，也要回头来看自己，珍惜活着的每一个风月，因为没有今朝，万古就要落空，没有此刻风月，茫茫的长空就没有意义，可是也不能执着于今朝，忘记万古的空性。

从佛教的观点来看，时间是一个不生不灭的真空状态，譬如我们每个人都戴表，但是这个表并不能代表时间，当你去了海外，时差改变了，表就没有意义了。回过头来说，大地山河都是有意义的，如果时间是真空状态，那么大地山河便是真空状态中妙有的存在，我们要在妙有中看到大地山河的意义，这样叫“一朝风月”。

其实“万古长空”和“一朝风月”是等同的，没有分别的。对于修行者而言，开悟的刹那就是永恒，当下就是解脱，这个时刻便是“一朝万古”。将我们万古以来的时间空间全部开启出来。一个修行者若能体会慈悲就是智慧，即是“风月长空”。从空性的观点来看，我们的业、功德、福报、生活中的慈悲都是不存在的，只是风月而已，然而这些风月都是永恒的，都会在长空里。

当我们看到乌云闪电，要知道它的背后有一个恒永的长空，在我们看清“万古长空，一朝风月”之后，会产生几个观点：第一，只有善待今朝的人，才可以做万古的追求。禅宗常常提到“日日是好日”，即是“善待今朝”的观点。第二，唯有看到长空之美的人，才懂得真正的风月。所以，我们要知道，失去了今朝，万古就会落空。

我曾经说过每天要睡觉时，必须有心理准备：明天不会再醒来。朋友都笑我太悲观，其实，这并不是悲观。据报导，在这个世界上，每天约有五千个人睡觉后就没有再醒过来，说不定哪天就会轮到我们。还有一些意外，也会使得我们的永恒落空。例如有一次我看到报上报导，有一个人喝了大量高粱酒后，很想抽一根烟，当他点火时，烟没点着，肚子却爆开了。还有一个女人从高楼跳下来要自杀，结果压死一个路过的卖肉粽的人，她自己却捡回一条命，后来，这个女人因过失致人于死被判有期徒刑七年，记者去问她还想不想死，她说不想了。还有一个初中生到“国父纪念馆”去玩，结果广场前的一个氢气球正好落下，将他炸成重伤。

由以上的例子可以看到今朝非常重要，没有今朝就没有万古，只有认识到这一点，我们的修行才会精进。那么当我们开始修行后，是不是只要认识空性，不必做慈悲、布施、持戒、禅定、精进等等麻烦的事情？若是没有这些麻烦事，那么我们所认识到的空性就是虚无不实在的。

龙树菩萨的一根睫毛，让我们看到西方极乐世界净土的真实意义。在释迦牟尼佛的影子里，我们体会到深刻的悲心。在天柱崇慧禅师一朝的话中，有万古最大的秘密。这些在在使我们认识到在长远的菩萨道里，我们要好好地生活，要自净自悟，同时要使别人清净觉悟，因为我就是众生，众生就是我，我们是一体，同坐在一艘船的。我们要努力地将业还给天地，然后用稳健的步伐走向净土的道路。

认识了“业”和“还”的观念，使我们有感恩和谦卑的心。我们在经典中看到很多菩萨翻过高山，渡过大河，来到这个苦难的人间，他们为什么要来到这个世界？是为了让我们体会到一朝一夕都有深切的意义，也为了让我们了解人生苦短，却仍有万古不变的实相和可能。

在佛和菩萨的身口意、教化和一举手、一投足之间，我们看到了风月无边，而他们教给了我们一个最重要的东西是：“从现在开始你要觉悟，要把缺憾还给天地，走向圆满的道路，当你得到圆满的那一天，也就是缺憾还清的时候。如果我们愿意承担、愿意还，总有还清的一天呀！”

当痛苦来临时

痛苦是佛教的起源之一，释迦牟尼佛就是看到人间的痛苦才开始修行，我们知道他曾经四次走出城门，分别看到生、老、病、死，带给他很大的震撼，因此他才常常思考如何来面对解决，甚至超脱这些痛苦，缘此才有了佛教。

所以我们今天要讲“当痛苦来临时”这个题目时，首先要认识到痛苦是伟大的开始。历史上许多伟大的人物都经历了不少痛苦，当然小人物也经历了很多痛苦。不过，为什么有些人经历了痛苦能变成伟大的人物，有些人却不能呢？这完全在于他面对痛苦的态度，以及对痛苦的认识和了解。

痛苦来自四方面

依照佛经的讲法，痛苦叫做“苦受”，苦受是对不好、不顺利、不可爱等等境况的感受，也就是基于生理、情绪、思想产生的苦恼、忧伤、厌恨的觉受。经典上说众生的痛苦来自四方面：第一是恶业的果报，也就是因果报应。第二是因缘的变貌，也就是说所有因缘的累积都有消散的一天，好因缘消散时使我们痛苦，坏因缘升起时也使我们痛苦。第三是无常的现象，也就是说我们无法经常保持喜乐平安的状态，所以生活会起伏不定，生命也会生老病死。第四是来自于自心的烦恼，也就是自己所升起的烦恼。前面三种烦恼是人人都会遭遇到的，包括伟大的人物，但是伟大人物和小人物最大的不同来自于对第四个自心烦恼的认识，因为最后一种完全是自我的，和环境、遭遇的关系不大，它是由自己的习气升起，使自我的心不能开展，所以，这种痛苦也是因人而异。同样一群人承受到相同的痛苦时，某个人可能会觉得最不能忍受，相对的，他的烦恼也最多。

举个例子来说，有一天我在报上读到一则报导说，有一位高三生受不了联考的压力，心里非常痛苦，一直想要自杀，这个念头被他妈妈知道后便极力阻止，并且告诉他："你不可以自杀，因为自杀会下地狱。"高三学生说："下地狱也不会比每天考试更痛苦。"妈妈说："不一定，地狱的痛苦是不可想象的。"高三生问："难道下了地狱以后，就没有机会进天堂吗？"妈妈说："有，下地狱后也可以上天堂，不过中间还要经过考试，而且这个考试不是每天考，而是每秒钟都在考。"高三生听了吓坏了，从此再也不想自杀。

从这个例子来看，我们每个人都会遭遇到相同状况，都要参加考试，可是中间却有人承受不起而自杀，而承受不起又和成绩高低无关，主要取决于自心的烦恼。

自心的烦恼在于对事物的差别和我们的习气对应所产生的。当我们看到一件事情时，往往会基于它的表面现象产生差别感觉，例如名字、形象……

名相经过一道手续，我们的看法可能就完全不同。我经常发现名相可以为人带来一些烦恼和喜悦。记得有一次我到郊外去找一位朋友，他家的院子里开了很多美丽的花，他告诉我这种花叫“天人菊”，而“天人菊”在我们乡下却被唤做“鸡屎菊”，因为它很容易生长，鸡群常在花丛大小便。还有一种花叫“马缨丹”，乡下却叫它做“死人花”，因为它常长在坟场里。另外有一种花叫“紫茉莉”，台湾话却叫做“煮饭花”，因为它总在黄昏煮饭时间开花。

同样一件东西透过我们的觉受，可能产生完全不同的效果，所以，一个人如果对东西有差别心，无法看出它的实相，就会产生很多不必要的烦恼。有些坏东西若用好的角度来看待，则可能变成好的。譬如乡下人经常喜欢骂小孩："你这个凸肚短命，夭寿死囝仔。"这些话虽然很难听，却是充满了爱。又如从前的人都认为"天公疼憨人。"所以故意将孩子名字取得很俗气。记得我父亲有两个朋友，一个姓黄，一个姓白，姓黄的名字叫"黄皮箱"，姓白的叫"白牛车"，你听到这两个名字一定想不透他们是什么样的人，其实，他俩都是很好的人。这也就是差别心，差别心使我们产生自心的烦恼，如果我们能够打破差别心和自心的烦恼，就可以减轻很多痛苦。而打破这种烦恼劫，也就是我们面对痛苦的第一步。所以首先我们要打破自心的烦恼，才能有一个坦然稳健的态度来面对人生。

我记得我曾读过艾森豪威尔的传记，受到很大的感动，他谈到小时候常和爸妈、哥哥一起打桥牌，有一次他拿到了一副坏牌，心里非常不痛快，便一边打一边埋怨，他妈妈听到后很不高兴，斥责他说："孩子，玩牌的规矩就是不管你拿到什么牌，都不可以抱怨，而要尽力打好它。人生的规矩也是这样，不论你遭遇到何种处境，你都要在这种处境和条件当中，尽可能地做到最好的地步。”艾森豪威尔后来变成一个伟大的人物，他自己说母亲的这一席话带给他很大的影响。

所以说，每个人拿到的牌都不一样，有的人也许拿的都是坏牌，不过仍然能打赢，为什么？因为他尽最大的力量去打它。

痛苦是众生的本质

接着，我们要认识痛苦的第二种观点，那就是：痛苦是众生的本质。读过佛经的人都知道，经典中讲痛苦的篇章远比快乐来得多。为什么？因为在佛教的观点里，即使快乐也是痛苦的，也就是说，所有的东西都是痛苦的，痛苦是生活和众生的本质。为什么说快乐也是痛苦的呢？因为快乐到最后仍然会失去，这种失去便是最大的痛苦。

在《俱舍论》中，曾经将痛苦的本质分为三种，第一种叫苦苦，第二种叫坏苦，第三种叫形苦。所谓苦苦就是痛苦逼恼我们，坏苦是快乐的事物败坏的痛苦，形苦则是人生的生灭和迁流是痛苦的。所以经典告诉我们一个结论：凡是三界的众生都是痛苦的。

依照天台宗的说法，三界的痛苦是有差别的，欲界的众生是三苦皆俱，色界的众生没有苦苦，只有坏苦和形苦。而无色界的众生则只有形苦。也就是说愈下界的众生痛苦愈深愈多，所以才有六道之说。六道之说表示天人也是痛苦的，这也就是佛教不鼓励我们求生天界的原因。

众生痛苦的本质纵使是修行者也不能免除，有一天我到一间寺庙去参访，寺庙后面的山上盖了一间小房子，我问寺里的师父："后面那个小房子是做什么的?"他说："是闭关用的，有一个师父在闭生死关。"我听了肃然起敬，因为所谓生死关就是发愿走进关房，不死就不出来，我就问："闭了几年了?"他说："好几年了。"我问："情况如何?"他说："情况还不错，不过闭生死关的这个师父有一天牙痛，痛得满地打滚，就叫徒弟到山下找一个牙医来，牙医进入关房帮师父看牙齿，说：'你的牙齿都烂掉了，需要用机器来治疗，但是我的机器太大，没办法搬上山来，你要医牙齿就要到山下去，否则会痛死在里面。'师父没办法，只好破关而出，到山下医牙齿，然后再重新发愿闭关。"这个故事给我们一个深刻的启示，一个发愿要闭生死关的师父是很令人钦佩的，可是他却连牙痛都受不了，修行这么好的师父都难以忍受牙痛，那么像我们修行浅薄的人又有什么好说。

我常常听到学佛者说：“生死我已经看开了。”也许有人并不怕死，却忍不住“痛死不要命”的牙痛。我曾经有过一次拔掉四颗牙的经验，真是痛得满地打滚，那时不仅觉得自己嘴里无齿，同时心里也无耻。想到自己修行那么久，为什么连牙痛也无法忍受，如此还跟人家谈什么了生死和解脱，从那一次开始，我再也不敢向别人说“生死已经看开”的这一类话。

其实，不仅现代的修行者如此，连古代伟大的禅师也一样。宋朝有一位伟大的禅师叫克勤圆悟，他刚出家时，专研教理，由于根器很高，所以通达佛教的道理。有一天，他生了一场大病，非常痛苦，心里就想：我研究过佛教的许多教理，却无法减免生病的痛苦，我发愿等病好后，一定要走修行实践的道路。

病好之后，他就开始去参访名师，他首先去参访真觉禅师，他去时看到真觉禅师坐在那儿，臂膀上长了一个大疮，还流着脓血。他看了吓一跳，心想大家都说真觉禅师已经是个解脱者，怎么还在长疮。他疑惑地跪下来问真觉禅师什么叫佛法，真觉禅指着疮说：“我现在流的脓都是曹溪的法乳。”曹溪是六祖慧能传法的地方，意为都是六祖慧能留下的法乳。克勤圆悟听了更加疑惑，就问：“师父，佛法真的是这样子吗?”真觉禅师不再理他，于是，克勤圆悟只好离开，遍参当时伟大的禅师，每个禅师都盛赞他有很深的根器，然而克勤圆悟的心里还是很疑惑，因为一个人的根器如何，自己是非常清楚的。后来，他找到了五祖法演，和五祖讨论佛理，原先克勤圆悟到哪里都受到赞美，可是五祖却对他说：“你的修行很差。”克勤圆悟想：每个人都说我的修行很好。于是不服气地和师父辩论，甚至大吵起来，然后气恼地说：“既然你不认为我优秀，我就走了。”五祖法演对他说：“等到你将来碰到一场大病时，就会想到我。”后来克勤圆悟就到南方金山寺继续修行。结果果然生了一场大病，就念咒、念佛、念经，可是都无法克服病痛，他痛哭失声，躺在床上发愿：等到我病好了，一定要重新去参访五祖，后来病好了，就去参访五祖，向五祖礼拜忏悔，五祖就收他做徒弟，他便在五祖的座下顿悟了，成为伟大的禅师。

大家听了也许觉得很安慰，连克勤圆悟这么伟大的禅师碰到病痛的折磨，仍然会和我们有着相同的反应。不过，他却仍然有两点和我们不同。第一，克勤圆悟一生生了许多次大病，每次生病，他都发愿，也悟到新的境界，可说是没有白病一场。第二是克勤禅师生病时，又发愿又忏悔，这一点也和我们不同。经典上记载，克勤最后一次大病，也就是要去见五祖之前，已经修到会全身放光，使大地震动的境界，但是他仍没有因病而生起怨恨之心，也没有失去对菩提道的信心，他又忏悔又发愿，这一点对我们毋宁是一个很好的启发。所以，当我们生病时，应该好好来对待它，因为病痛可能是我们开悟的基础。

再说到释迦牟尼佛，他的一生也经历过很多病痛，经典说这是“示病”，他在雪山修行时得了风湿，所以到晚年时为背痛所苦，也曾经因为吃到不洁的东西而腹泻不已。连释迦牟尼佛都会遭遇到痛苦，何况是众生，所以说，痛苦是众生的本质。

在许多部佛经当中，都曾记载佛和佛相见面的情形，像《法华经》记载各地的佛来和释迦牟尼见面，见面的第一句话是：“世尊少病少恼，安乐行否?”也就是说：“你们的佛是不是少生病、少烦恼，过得很安乐?”从这句话可以推定，佛菩萨也会生病和烦恼，只不过他们的病和恼都是由众生所起的。伟大的维摩诘居士在《维摩诘经》里也记载了他示病的过程。由上可见，生病和痛苦都是正常的，因为它是生命的本质，纵使是成佛之后，仍然会遭遇到这种痛苦。

痛苦的八种类型

第三种我们要谈的是痛苦的类型，佛经将痛苦归纳为八种类型，就是生、老、病、死、爱别离、怨憎会、所求不得、烦恼炽盛。首先我们先来看经典中如何记载这些痛苦。经上说生苦，表示入胎和出胎都很痛苦，胎儿在母亲的肚子里受到压迫、不自由，非常痛苦，所以婴儿出生后，第一件事不是笑，而是哭，因为他在出生的过程实在太痛苦了。

其次是老苦，老苦分成两个部分，第一是增长的痛苦，生命一直在增长，从少年、壮年、老年到衰败，这种增长让我们不安宁。第二是灭坏，也就是身体愈来愈坏，精神耗损。

病的痛苦也可分为两种，第一是身病，即身体的病，来自四大不调，第二是心病，即心怀苦恼。

经典上说死苦有两种，一种是因病而死，另一种则因灾难、横祸而死，而且死有各种痛苦和死状。有一次，我在永春市场向一位老头买甘蔗，这个老头一面削甘蔗一面和我聊天说他这辈子看过各式各样的死状，我就说：“那你可不可以说来听听?”他说：“可以啊。我曾看人笑死过、哭死过，也看过爸爸开车撞死儿子，儿子开车撞死爸爸，还看过有人打麻将自摸乐死了，也有人被摸到牌而气死了。”不管是那一种死法，都是痛苦的。

据经典的说法，爱别离就是“求聚而不能共处”，怨憎会是“求离反聚”。所求不得是“世间一切事物心里所爱却求不到”。烦恼炽盛在经典中有另一种说法，即五阴盛苦，也就是由色、受、想、行、识这五种东西所引起的痛苦。

除了以上八种痛苦外，在《瑜伽师地论》里还讲到另外八种痛苦，一是寒苦，二是热苦，三是饥苦，四是渴苦，五是不自在苦，六是自逼恼苦，七是他逼恼苦，八是一类威仪多时住苦，即是前面七种集合起来的痛苦。

痛苦是烦恼的根源，所以，经典上说：人有八万四千个烦恼、八万四千种病，从这个角度来看，众生确实有无量的痛苦。

解脱痛苦的六种方法

接下来第四个要讲的是解脱痛苦的方法，依照佛经的说法，痛苦没有解脱的方法，唯一的方法便是脱出轮回。

现在让我们来回叙一下。《中阿含经》记载释迦牟尼佛第一次说法是在鹿野苑为五比丘说法，他所讲的是四圣谛，即是“苦、集、灭、道”，四圣谛就是四个真实不虚的看法，是所有圣贤都知道的真理。第一圣谛是：人生本质是痛苦的，这一点刚才我们已经提过，第二个集就是苦是由迷惘、烦恼和习气所聚集。第三，灭掉苦的根本便可以进入涅槃，这个叫做灭，第四，这是解脱的唯一道路，所以叫做道。因此，不要想减轻或解脱痛苦，除非是出生死，不出生死便不能解决人生痛苦的问题。

痛苦不能解决，那该如何是好？有没有一些方法可以在痛苦来临时去面对它？有的。经典说过许多解决痛苦的方法，现在我将它归纳为几点：

面对痛苦的第一个方法就是觉悟，觉悟到每个人都会面临到痛苦，面对痛苦时没有什么办法可想，除非我解脱，然而自己解脱是非常艰难的，只有用一个简单的方法：就是去佛的净土，这也莫怪乎净土宗那么盛行，因为净土宗是一个比较方便、简单的方法，可以让我们得到解脱，离开痛苦，我现在来讲一个净土宗的故事。

在《观无量寿佛经》里记载为什么会有西方净土这样的信仰，这是因为释迦牟佛尼有一次为一位韦提希皇后说法。据佛经上记载，从前王舍城的太子叫做阿阇世，他的爸爸叫苹婆娑罗，阿阇世太子很讨厌自己的爸爸，便把爸爸抓起来关进监牢里，他的母亲韦提希皇后非常痛苦，每天对着天空拜佛，请求佛陀来为她受戒，解决她的痛苦，所以，每天目犍连都从空中来为她受八关斋戒。八关斋戒简单地说就是不杀、不盗、不淫、不妄、不非时食、不涂香华鬘、不歌舞伎町、不睡高广大床。佛还派富楼那尊者来为她说法。后来，太子知道佛每天都派弟子来为母亲说法，非常生气，指责母亲每天都和这些奇奇怪怪的出家人在一起，原有意杀掉她，可是大臣却力谏不可如此，结果太子便把母亲关进牢里，皇后在监牢里涕泣说：希望释迦牟尼佛为我说一个没有忧恼的地方，让我去往生，因为我不喜欢阎浮提这种浊恶的世间，在这个世间里，地狱的饿鬼、畜生都聚在一起。希望我日后不要听到恶声，不要看到坏人。

释迦牟尼佛接到她的祈请，就到牢里来看她，将十方诸佛的世界都化现在头顶上，任由她选择，皇后看了半天说：我希望去往生阿弥陀佛的极乐净土。由此，我们可以知道西方极乐净土，第一：最美好，第二：和娑婆世间的众生最有缘。

以上就是觉悟，要从痛苦当中觉悟唯有解脱，可是靠自己解脱又很困难，只有跟着佛一起来解脱比较容易。当我们说到极乐世界和净土时，并非指死后才解脱。从我们相信有一个这样的净土可以去、并且确信自己会去的那一刻开始，我们便已经从痛苦中解脱，所以，心的改变是非常重要的。

有一次，郑石岩教授告诉我一个西方教育心理学的个案，让我听了十分感动。个案的主角是一个事业有成的中年人，他虽然拥有很多的钱财和权势，可是心里却非常痛苦，觉得人生无望，没有意义。有一天，他去找一位心理医生，这个医生听了他的话后，开给他四帖药，说：“我现在开给你四帖药，装在药袋里，明天早上九点钟以前，你带着这四帖药，一个人独自去海边，九点、十二点、下午三点和五点各吃一帖，你的病就会好，但是今天晚上你不可先打开这些药。”

隔天，这个中年人一早便单独开着车到海边去，九点钟，他打开第一帖药，药方上写着两个字：“谛听”。他便坐下来静静地聆听海浪和鸟声，觉得心里得到无比的宁静。十二点时，他打开第二帖药，上面写着：“回忆”。要他好好回忆如何来到这个世界，经过怎样的奋斗，以致走入今天这么痛苦的地步。下午三点钟，他打开第三帖药，里面写着几个字：“检讨你的动机”。为什么从前要如此奋斗，动机是什么？目标是什么？最后又得到什么？下午五点，他打开第四帖药，里面写着：“把你的烦恼写在沙滩上”。他便站起来将烦恼写在沙滩上，一直写到夕阳西下，一阵海浪涌上来，将他的烦恼全部冲走。这个人一下子豁然开朗，愉快地开车回去，对人生有了新的开悟。从心理学观点来看，这是心理治疗，而从佛法的角度来看，这就是觉悟的过程。

觉悟是出离痛苦的第一个方法。第二个方法就是守戒。刚刚提到韦提希皇后在受苦时，求受八关斋戒，用更坚强的戒律来抵抗痛苦，因为今天的痛苦都是由于从前不守戒所引起的，所以，从今天开始，在遭遇痛苦时，要更谨慎、更守戒律，因着戒心，才能使我们得到解脱。

第三个方法是忏悔。“为什么这个世界这么多人，只有我遭遇到现在这种痛苦呢?”这点真令自己惭愧。人遭遇到痛苦通常会有两种反应，一是怨恨，一是愚痴。现在我们不要怨恨，也不要愚痴，而要回过头来忏悔和惭愧。当我们升起强烈的忏悔心时，便可以减轻自己的痛苦，因为这种痛苦本来就是我们所该受的。不只是一般人要忏悔，即连伟大的修行者在病痛时也要忏悔，像前面讲到的克勤圆悟禅师每次生病时，都发起大的忏悔。

《六祖坛经》中有一品叫“传香忏悔品”，说到：“今与汝等受无相忏悔，灭三世罪，得三业清净。”意思是说：我今天给你们受这种无相的忏悔，可以灭掉你们三世的罪业，得到身、口、意三业的清净。

忏悔有很多方法，最简单的方法就是升起忏悔的心。不过，在佛教中，有一些方法是有次第，而且可依仪轨照着做，那就是拜忏，诸如大悲忏、药师忏、地藏忏、金刚忏、梁皇宝忏、水陆大法会等等，常常拜忏，起忏悔的心，可以使我们脱离痛苦。

解决痛苦的第四个方法是祈求三宝的加持。我刚才说过，一个人要得到解脱是很艰难的，祈求三宝的加持可以助我们一臂之力，使我们更精进，不会被痛苦击倒。常常祈求会使我们产生定力和智慧，如此可使得我们对痛苦有一个新的观点，所以释迦牟尼佛曾说过："法地不动，一切皆安，法地若动，一切不安。"

第五种面临痛苦的方法就是忍辱。我们现在会遭遇到外境的痛苦，那是因为从前我们曾经使别人痛苦；我们会碰到内在的痛苦，那是因为从前我们的身口意不清净的造作而来的，所以要忍耐、忍辱，等待痛苦，度过难关。

有很多人遭遇到痛苦来找我，我告诉他们要忍耐，因为学佛需要接受磨练，你要花钱请人来让你痛苦，还没有人愿意做，而现在你不用花钱，便有一个人或一个事件每天来折磨你，使你精进道业，有更大的力量来面对痛苦，这是多么值得高兴的事。

禅宗有两个禅师，一个叫寒山，另一个叫拾得，有一天寒山问拾得说："世间谤我、欺我、辱我、笑我、轻我、贱我、厌我、骗我，如何处置?"拾得回答说："只是忍他、让他、由他、避他、耐他、敬他、不管他，再过几年看他如何?"这个"他"不只包括外界，还包括自我，看自己会横行到几时，痛苦会到何种地步。当我们不断忍辱，到后来就会忍无可忍，这个世界也就没有什么事是不可以忍受的，甚至也就没有忍受的觉受。

忍辱可以舍弃痛苦的因果。当从前所造成的一个恶因升起时，会使我们痛苦，我们忍辱度过它，这个果就消失。如果我们不忍辱，这个果就增加，这也就是忍辱重要的原因。

第六个面对痛苦的方法是要有坚固的出离心，也就是要想着：我要解脱，很快地解脱，而且这一世就要解脱。当痛苦来临时，就会使我们升起出离心。有些人夫妻关系不合，感到非常痛苦，便来学佛，我问他们说："夫妻不合或夫妻恩爱者，哪一种人死的时候比较容易往生极乐世界?"他们说："好像是不合的，比较放得开。"夫妻恩爱者，若一方先死，便会舍不得走，仍想下辈子再续姻缘，结果就彼此纠缠不清。所以环境不一定产生坏的结果，有时反而使我们产生大的出离心，这种出离心使我们不会被痛苦所转动，可以坦然地面对、包容痛苦。

这个世界上没有永远的生命，所有的东西升起后都会灭去，痛苦既然也在因缘法里面，便会生、住、异、灭。也就是说，这个世界上没有不会消灭的痛苦，如此想来就令人较为乐观。当我们在痛苦时，常常用一些方法来对待它，以减轻痛苦，不过要解脱它，只有出离这个污浊的世间。

痛苦是伟大的开始

今天我讲了很多关于痛苦的事情，这并不表示我自己没有痛苦，我也和大家一样，每天都在面对痛苦，我只是觉得我们应该更坦然地面对自己的痛苦。

《百喻经》里有一个故事说，从前有一个秃头的人为自己的秃头感到十分痛苦，他冬天太冷，夏天为了遮炎又戴假发，结果太热。他告诉朋友说："我秃头得很痛苦，好想自杀算了。"他的朋友说："你不用那么痛苦，我知道离这里二十里外，有一个非常高明的医生，什么疑难杂症都会治，只要你去找他，他一定可以妙手回春，你就不用自杀了。”秃头者听了非常高兴，便徒步走到二十里外去找医生。

当他见到这个名医时，连忙将自己秃头的烦恼一古脑说出来，医生听完他的述说后，便将自己的帽子脱下来，原来医生也是个秃头，医生指着自己的头说：“你看到我的头了吗？是不是和你一样？”那个人点点头，医生说：“既然我不能医好自己的秃头，又怎么能够医治你的秃头呢？不过，我能忠告你的是：虽然不能治好它，却不要为它烦恼。”

释迦牟尼佛说，这个名医就是诚实无欺，佛也是如此，是真语者，实语者，不妄语者。

我和大家谈了许多痛苦，说不定我比大家还痛苦，但是我可以告诉大家的是：不要被痛苦所左右、为痛苦而烦恼，我自己秃头，我并不烦恼，我也痛苦，但是我也不烦恼，为什么呢？因为我们没有时间烦恼。在痛苦来临时，我常常提醒自己：我没有时间沉溺在痛苦里面，或被痛苦所转，我必须立刻跳出来，因为无常可能很快就到。其次，我告诉自己，现在所有的痛苦都是我理当承受的，所以我无怨地接受它、忏悔、发愿，努力地向前走。

经常想到无常、自己的恶业，同时不断地忏悔，就能用更宽广的见解去包容痛苦，因为这个世界上的痛苦并不全然是坏的，有很多好的东西也是痛苦的。

去年，我在香港的百货公司买了一大尊罗汉骑在犀牛上向前冲的陶器，买完之后，售货人员拿了一个很大的箱子，塞了一些碎纸、稻草，然后将陶器放进去，还告诉我东西放在箱子里，即使寄空运也不怕摔破。回到旅馆后，我愈看那箱子愈大，心里开始有点紧张，怕托运会摔坏，于是决定把陶器改装到袋子里，自己提着上飞机。谁知在飞机上走不到几步路，因为袋子实在太大了，一个不留神撞到旁的椅子，只听到“铿”的一声，犀牛的腿断了一只。当时我坐在飞机上，心里非常后悔为什么要把箱子丢掉，这个箱子里的破报纸、稻草对陶器来说，价值是等同的，失去这些东西的保护，陶器破了，也失去了它的价值。

所以，我们要认识到，只要自己的内在有一个最珍贵、最美好的陶器就好了，至于其他的破报纸、稻草都是无关紧要，只不过是用来包围这个陶器，使我们可以安然地将它带到自己要去的地方，到了那个地方，我就会把这些碎纸、稻草丢掉。

人生遭遇到的痛苦也像这些破报纸和稻草一样，看起来无用，却往往能保护我们的陶器不会破裂，所以，痛苦是伟大的开始，好好来享受我们的痛苦，大家一起努力来面对它，坚固地走向菩提之路，希望从此以后不要再痛苦。至于要如何做，日后才不会再痛苦？只有四个字最简单、最有效、最快速，就是：“阿弥陀佛。”

菩提书简

在每一个黎明醒来

林大哥：

好感激您昨天挪出一下午的时间给我，这对我而言实在太重要了。在回程中，我反复思索着您的话语，想起您那温暖包容的心，及对人世间的悲悯胸怀，直想落下泪来。

在对您诉说心事时，不知为什么，我突然发觉自己所承受的苦实在是微不足道，而自己为这些事来烦扰您更有些可笑，因为它是那样地渺小。但您的耐心与慈心，竟使我的心境也变得平静起来，我当时真的不以为苦了，反而觉得对生命又生起了一丝希望。

但是我的信心何其薄弱，此时此刻，我必须靠着阅读您的书，不时提醒自己具备“柔软心”，来坚固自己刚萌芽的脆弱意志。我想，我做的不是很好，我还时时会被那种沮丧的感觉缠绕，那是一种惶恐而绝望的深渊，我真的很害怕。不知要到何时，我才能真正拥有一颗清明的心，不要有嫉妒、不平。我愿意就您所指点的方向努力一试。

随信附上的这套录音带对初学ㄅㄆㄇ的孩子很有用，或许对小亮言会有些用处，所以请替我转送给他。并转告他，我喝了他所“加持”（不知写对了没）的水，感觉好多了，从他身上我感受到了最真挚善良的童心，使我十分感动。如果我也能拥有这份童心多好。请代为谢谢他。

再次谢谢您，如果您及大嫂愿意，我希望能时时去找您们，这能使我强烈地感受到生命原是可以活得如此有意义。

台北市谨玫　敬上

谨玫：

过了这许多天，你一定好多了吧！

这个世界的苦恼与挫折不是单单为我们打造的，人人都要去面对它，虽然这种面对有时是冷酷、悲哀的，可是许多人都已经超越过你现在正在面对的烦恼，相信你必然也可以超越的，加油！

我常觉得特别是心思细致、敏感的人，活在这个世界上所感受到的苦是加倍的，不过反过来说细致敏感的人所得到的快乐也会加倍，智慧也会加倍，你也是这一类型的人，不要气馁，应该欢欣才好。

在一天里，绝对不会有第二次的黎明，因为人生实在太短促了，所以我们要把握每天的黎明，早上醒来给自己一个诺言：这是崭新的一天！我要以崭新的态度生活！

在每一个黎明醒来，有一些会心的悟。

在每一个黎明醒来，接受阳光的温暖、光明。

在每一个夜晚睡去，放下当天的忧伤。

在每一个夜晚睡去，放下从前的一切忧伤。

你是个好女孩，你所遭逢的不是你的错，而是由于因缘本来就有无常错谬的必然性，而情感里又有苦的本质，我们能做的，就是去体验这无常之苦，细细品味这苦的滋味，然后去超越它。

明朝有一位澹悟和尚，写过一首很短的词：

铅泪结，如珠颗颗圆；

移时验，不曾一颗真。

意思是一个人的泪珠落下的时候，就好像铅一样的沉重，像珠一样颗颗是圆的，但是过了那个情境检验起来，没有一颗是真实的呀！我把这首词写了送你，希望你很快度过人生的幽黯时间。

你寄给亮言的录音带已收到，很谢谢你，你走后，他对我说："阿姨喝了我加持的大悲水，不知好了没有？"

他叫我再转告你一件事，不要再去你买枇杷的那家买水果，因为你送的枇杷看不见的地方全是坏的，可见老板心肠不好。

我们很欢迎你来玩，特别是忧伤烦恼的时候，我们都很愿意帮助你分担。

敬祝

平安吉祥

林清玄　敬上

悲愿如菩萨钻

敬爱的林居士清玄展信快乐：

阿弥陀佛。

非常冒昧地，但却非常恭敬地怀着一种宁静的心绪拿起笔来，和您说话，心里头着实是蛮愉快，因为这件事，我早就考虑了好久呢，也不知您到底可不可以收得到？

我现在就读于护专四下，需在外流浪实习一年，目前已实习五个月了，非常珍惜于这一年中所面对的挑战和学习。

我吃素大致前后至今约略二三年了吧！也有法号喔！我的法号叫性慈。

我叫卢慈善，由于在一个非常巧遇的因缘及听了显明老法师讲经一星期，在台中北屯区的一慈善寺中皈依的，好开心！

上星期我又去受了八关斋戒，只参加完了一个仪式，而后因有事就先走。不过，我想下回有空一定要受戒完毕才好。也不知怎么搞的，我自己非常偏爱念观音法门，例如般若心经、大悲咒，甚至大悲忏……等等。现在家中也有个很简单却庄严、澄净的小佛堂，假如有空的话，我真是爱敲木鱼及听撞钟的声音！

那份宁静和祥和之感，实非慈善所能形容。

对了，请问您几个问题：

1. 假设我想深入观音法门的话，有所谓的拜师，最正确的方法和途径到底在指什么呢？

2. 不受五戒而先受菩萨戒有何不妥吗？

3. 假设参禅或打坐的话，我不知先从那儿入门才好？

4. 对于一个刚学佛的我而言，对于情感的看法和诠释，有时候实在令我好伤脑筋，该怎么去纾解？该怎么去对待？

最后，我知道可能有太多的读者写信给您，您也可能忙于写作，无暇看或回我的信不过，没关系，我有耐心，等您有空时，再回给我好了，OK！

祝您一家子大小　　天上星

都平安、如意　　亮晶晶

天天微笑　　永灿烂

阿弥陀佛　　常安宁

台中卢慈善　敬上

慈善居士：

收信平安，很高兴收到您的来信，您流露在笔端的青春与欢喜，使我仿佛又跌入了十七八岁的时光中。

您的照片也收到了，并没有使我吓一跳，我常收到读者的照片，看起来就像我的多年老友一样。我的写作工作时常使我得到很特别的友谊，前一阵子有两位读者朋友结婚了，拍了一套十张的结婚照片送给我。最近我收到许多“毕业照”，是读者朋友送给我的。这些人我都素未谋面，他们却把我当成要好的朋友，愿意我分享他们的喜悦。也有一些朋友写很长的信来，让我分担他们的苦难。

不管是喜悦或是苦难，我都乐于分担，因为我在深心里，把您们都当成我的好朋友。

从您的来信，我知道您是很有善根和宿慧的女孩子，这么年轻就能修习佛法，喜欢念经诵咒、爱听木鱼和钟声，真是令人赞叹的，我像您这样的年纪时，什么都不知道哩……所以更要努力精进，将来的成就一定不可限量。

简单地回答您的几个问题!

一、“观音法门”就是信奉依止观世音菩萨，是学习观世音菩萨的“内观自在，十方圆明。外观世音，寻声救苦。”跟随观世音菩萨广大的慈悲与心量，去实践救度众生的工作，这是简单的观音法门。

观音法门的修行方法，最简易的是念“南无观世音菩萨”的名号，还有念观音心咒“嗡嘛呢叭咪吽”。

其次，可以诵“大悲咒”、“心经”、“普门品”等。

这些简易的观音法门不一定要拜师也可以修行，不过，如果要进一步了解观世音菩萨的行谊、悲愿，当然应该跟随师父学习。

台北的老古出版社出版过一本《观音菩萨与观音法门》，是南怀瑾老师写的，对观音菩萨与修行法门有详尽介绍，您可以找一本来看看。

二、不受五戒而先受菩萨戒并无不妥，因为五戒也是在菩萨戒的范围里，受了菩萨戒是连五戒也一起受了。一般人要先受五戒，那是因为方便次第，等到五戒守好了，再守菩萨戒才不会一时慌张失措，觉得戒律太严。对于发大心的居士，则不必经此方便，可以一起受。

三、参禅或打坐应该找一位有修证经验的老师学习，才不会盲修瞎练。不过，一些准备工作，自己也可以先做，例如阅读禅宗的书籍、公案，祖师的语录等，对禅有一个基本的了解。此外，自己要学习在生活中静虑、反省、安顿身心，这些准备工作做好了以后，参禅打坐就省事多了。

四、学佛的人，对情感与人生也要有正常自然的态度，一般人最大的烦恼是情感，那是因为被情感所转动，心不能安、意不能平。学佛的人也有情感，但不要被情所困，那是因为能自己做主，有安顿的所在，情感也能无碍了！

一个人要免去情感的烦恼，慎乎始是很重要的，一开始时有一个理性、圆满、清净、承担的态度，选择一个好的伴侣，将可以免去日后的很多烦恼、考验，和困境。在家学佛的居士不必畏惧情感和伴侣，最好的理想是建立佛教家庭，如果夫妻就是菩提道侣，互相扶持、互相启发，不也是很好吗？

有一次我去花莲拜访证严法师，他对我说：“在病人眼中，医生就是活佛，护士就是白衣大士。”我听了很感动，把这句话送给您这位现任的白衣大士，希望您不只在病人眼中做白衣大士，自己也要有效法大士的心愿和期待。

敬祝

悲愿如菩萨钻

道心似金钢石

林清玄　敬上

以慈悲来超越

林先生：

过年的时候，看到报纸上登出歌星王默君与龙眼发生车祸的消息，不知道为什么当天晚上我就失眠了，甚至默默地流泪。

接下来的很多天，在电视上看到王默君的演唱，甚至一直到过完年还在电视上看见她，每次看到都令我非常辛酸，难道这么年轻、美丽、清秀、歌声甜美、前途无量的少女，就这样不明不白的死了吗？为什么？为什么人间这样无情？

王默君和龙眼都是我喜欢的歌星，她们都是那么清纯而端庄，她们的面相都是那么好，甚至在我看起来，长得都像菩萨一样，一点也看不出是短命的样子。为什么？我真想跑到田野上去大叫：为什么？

为这两位陌生人流泪，有时我想到就觉得自己是不是太多愁善感，可是，在感觉上，她们对我都不是陌生人，就像林先生你一样，对我而言，也不是陌生人。

我是个佛教徒，却不是很合格的佛教徒，因为我对佛教有许多疑惑，虽然在你的书里澄清了许多问题，可是，王默君和龙眼的问题，对我就很不可解了。我有一位佛教徒朋友，她看到我为这“无关自己”的人伤心哭泣，就安慰我说：“这就是业呀！一个人的生死无非是因缘，因缘就是这样子的。”

林先生，因缘真的这样无情吗？我一点也看不出王默君和龙眼如此美丽善良的女孩该有这样的业，有这样的因缘！我真想向菩萨抗议！

林先生，你可以解答这个疑惑吗？

台南读者　刘曼容

刘小姐：

接到您的来信令我十分感慨，我看到王默君的新闻时，当场就流下眼泪，与您相同，我也难以接受这是一个事实，因为，它真的是如此不能接受的。我相信，普天之下有许多人和您我同样的对王默君和龙眼有无限的哀思，对业、对因缘、对无常都有更深的思考与迷惑。

尤其是过年前两天，我坐飞机在高雄小港机场下机，搭车要回故乡旗山的时候，开车的出租车司机正是车祸现场的目击者，他特地开车载我到王默君出事的现场去，经过的时候他说："王默君的整个脸都被撞毁了，多么美丽的女孩子呀!"听了真是令人酸楚落泪。

然后，车子开上高速公路，往楠梓的方向去，到了一个地方，他特别指给我看说："这里就是昨天两个警察被坏人枪杀的现场。有一位是你们旗山人呢!"那位警察不只是我的乡人，而且是我的街坊，就住在我老家的同一条街上，而且，他结婚才几个月！他死得比王默君还要悲惨，只是没有人认识他罢了，我听了也伤心不已。

若依佛教的观点来看，这是业、也是因缘是不错的，而且这业与因缘不是菩萨造成的，所以无需向菩萨抗议。这业与因缘（或说业缘）从久远劫观之，必有错综复杂的关系，我们不能遽下断语。不过，如果我们事事都从业去看事情，就容易失去对肇事者的斥责，失去对被害者的悲悯。

所以，我宁可从菩萨的观点来看，王默君、龙眼、或那位我们记不起名字的警察很可能都是菩萨来示现的，他们最大的示现是“无常”，无常正是如此迅速的，众生还不肯警醒吗？在我的眼里，他们都是菩萨，只是用了一个比较令人心恸的方法来行菩萨道罢了！《维摩诘经》里说：“若菩萨行于非道，是为通达佛道。”他们用的是不合逻辑的方法来启示我们，因为如果太合逻辑，众生怎么会思考和警觉呢？

无常迅速，无常可畏，佛陀不是说“人命在呼吸之间，出息不还，即是后世”吗？

从佛教的观点看，有时“无情”的人事里，正是充满了“至情”的启示！而我通常都宁可用“至情”的观点来看世界。

您为王默君、龙眼流泪正是一种悲悯的“至情”，能真心关爱疼惜陌生的人，这就是菩萨行里的“无缘大慈，同体大悲”。流泪、痛心并不可笑，问题是，痛心流泪之后我们有什么智慧的启发呢？

佛陀曾说，第一等良马是随主人的意念就能奔跑，第二等良马要看到鞭影才跑，第三等良马是鞭子一打才跑，第四等良马是要打到痛入骨髓才肯慢慢地跑。第一等善男子是听到陌生人死了就懂得觉悟无常而修行，第二等人是听到村里的人死了才觉悟，第三等人是听到街坊熟识的人死了才觉悟，第四等人是父母至亲死了才觉悟。

但愿王默君、龙眼的悲惨遭遇能给世人这样的启发，让人人都做第一等人，觉悟到无常而努力的修行。

因而在长夜里，让我们用慈悲的心来回向给那些以苦难来示现教化的菩萨！让我们用慈悲的心来超越，化解业力与因缘的折磨！

林清玄　敬上

通向圆满之路

林先生：

我是个佛教徒，也是你最忠实的读者，你写的书我大概都看过了，可能你无法知道你的作品如何安慰一个陌生人的心，但我还是很感激你。

在学佛的过程里，我常觉得自己不是很好的佛教徒，那是因为在我的周围，包括父母亲都不信仰佛教，我习佛多年竟无法感化他们半个。非但不能感化，常常还冲突时起（因为宗教观点的差异），使我甚感挫折，觉得压力比没学佛的人还大。

我多么希望人人都学佛，却知道这是不可能实现的梦，在这样的环境中，一个学佛者如何保持乐观、自在、喜悦呢？（从你的文章感觉你是满快乐的人。）林先生，你可不可以告诉我，你是如何对待周围的不信佛的人？你如何传达你所信仰宗教的好处优点？对于其他宗教，特别是基督教、天主教，你的看法如何？

你的高雄读者　陈恒淑敬上

陈小姐：

前几天深夜一点多，我在台北东区的街头行走，穿过一条暗巷要回家，突然从巷子黑暗的地方跑出一条凶恶的狗，它猛然冲过来，对着我狂吠一阵。但我没有逃跑（我本来要逃跑的，可是立刻想到我是观世音菩萨的弟子，身心大致是清净的，应该不致于被黑夜的小狗咬到），于是我站住了，和那小狗面面相觑，它本来叫得很急促，慢慢就缓下来，最后它自觉无趣，摇摇头走了。

然后，我就以一种忧伤的心走回家。这不是小狗的错，而是我的修行还差得很远，这世界上竟然还有众生看见我而激起了嫌恶的心。我想起《妙法莲华经》里有一位“一切众生喜见菩萨”，不管他在何处，遇到什么样的众生，所有的众生都喜欢见他，见到他就生起善良、清净、虔敬、欢喜的心。

那是一个多么广大而圆满的境界呀！如今连一只从未见面的狗都对我狂吠，思及自己竟无法使见我的众生欢喜，感觉都要流下泪来。

喜欢见到“一切众生喜见菩萨”的众生，包括信佛、不信佛的人，包括信仰妈祖、祈祷上帝的人，甚至还包括猫狗、野兽、蟑螂、蚊子等一切的众生。

当众生看见我而不能欢喜，那不是众生的错，因为众生本来就有喜怒，那必然是我自己还不够圆满、不够广大、不够慈悲、不够有智慧，在这样的情况下，不要奢言要度化众生，如果能好好做人，让别人欢喜见我，就是最好的修行了。

我自己的方法是，我并不把佛贴在我的额头上，让别人看见，只是把佛虔敬安静地放在我的心上，当然，我不会随便遇到一个人就谈佛，而是大叩大鸣、小叩小鸣、不叩不鸣。我也不把自己学佛当成什么了不起的事（了不起的是佛菩萨，不是我），而是保持谦下的心，使忍辱与受屈成为可能、成为自然的事。我尊敬任何一个宗教，以及信仰别的宗教的每一个人，因为他们信仰什么宗教，或根本不信宗教乃是因缘使然，是强求不得的。

我要感化任何一个人，必先感化我自己，使我走向更圆满广大的道路，用我的实践来使人知道，一个人改造自己，使人格通向完美是可能的，我要包容一切、体贴一切，甚至对路边向我狂吠的小狗也有感恩的心，因为它又一次地叫醒我的觉悟。

所以，善女人！不要害怕，只要向更圆满的方向走就对了，人圆即佛成！

林清玄　敬上

能醒就好

林先生您好：

很冒昧写这封信给您！我只是很想和您聊聊天，至于聊些什么，我也不知道。

其实在两三个月前，似乎不曾认真读过您的文章，所以不敢自称是您的读者（这两个字得向作者负责呢）。上个月听了卷录音带“生活的禅”，特地去书局买了《凤眼菩提》和《拈花菩提》。读的时候，似乎也能听见您那温暖亲切的声音。

这阵子我常想着，我会学佛，是何种因缘？很想找个人对他说我重生的经过，可是辞不达意，碰上不认识佛教的朋友，总以为是“神通”使然。这也难怪，三个月前，我还搞不清楚本师释迦牟尼和西方极乐世界的教主竟然是两个不同的佛呢！（后来我问过几个人，也和我一样糊涂）。

去年农历十月之前的一年半里，我颓丧到不知自己活着是为了什么？那时候我酒精中毒。当然要到中毒的程度，已喝了不少年。自从我结婚后，觉得自己一直很痛苦，和前面三个搬出去的妯娌一样，把心绪归咎于我那个暴躁多疑、行动不便（中风）、生起气来恶口诅咒的公公。前年生下老二后，诸多因素，我不停地喝酒（家务事，亦难详述）。儿子三个月大时，有天早上起床，我的双手竟不停地颤抖，我知道自己完了，从此恶梦开始。儿子到了四个多月，也开始他的灾难。每一感冒，就得送加护病房，插管才能呼吸。有次送到省桃医院，已经休克，命大才又救了回来。后来一直进出台北马偕医院。而我酗酒依旧，且更严重。有半年多的时间，儿子只是不停地作检查，X 光、超音波、心脏断层电脑、食道镜、气管镜……医生们几乎想放弃了，干脆送进开刀房开气管。后来我才听护士小姐告诉我，成功率是零。

我的酗酒是逃避现实吗？我不知道！我很认真地回想、检视自己的内心，也无法确知自己为什么抛弃自尊和羞耻，也不知道是否为了儿子，有过刻骨铭心的担忧？虽然四处求神问卜，到寺里放生，供养法会，也念大悲咒，不过，那不是一个忧心的母亲，只是个酗酒的女人虚应着大姐的安排。

那一阵子，我先生的大姐初走道场，也皈依三宝。在我儿子最危险的时候，向佛菩萨发愿吃长斋，且专持大悲咒。隔不久，经过心导管的检查，才发现心肺上方的主动脉多一条（学名叫双主动脉弓），去年五月开刀后，除了气管因长期压迫而对天气较敏感外，一切还好，最幸运的是，脑子曾因缺氧休克，在马偕和省桃两次检查都不正常（智障），后来却自己好了。以前我也认为是巧合加上运气。现在我坚决的相信，我儿子的一切全是他大姑姑的诚信和佛菩萨相感应的福报。

很多人认为，一个人接受或者改变信仰除非遇到变故或挫折。儿子的苦难并没有使我接近宗教。虽然曾有过接触基督教的念头（因为马偕的医师和护士待人很亲切），但颓丧依旧，镇日沉溺在酒精来麻醉自己。我们家开了间五金行，我不知道那一阵子先生怎么忍受一个酗酒的妻子，要看店算账还得煮饭（我烂醉时）。

念大悲咒不久后（很辛苦熬了十多天不沾酒，但仍受失眠之苦），心境渐平和，生活作息渐趋正常，我重拾阅读的习惯（老天保佑，我也有这么一点兴趣），开始找些佛教方面的书来看。蒙佛菩萨慈悲，肯度一个将堕地狱、业障深重的人。渐渐地摆脱失眠之苦，渐渐地满心欢喜。过年前有一天大扫除，我听“五会念佛”，听着听着，眼泪不禁泫泫而下！似乎流浪了很久，终于看见温暖的家；又好像活了三十几年，就只为找某个东西找着了。记得您的文章里有句话：一个人睡了八小时，只需一秒钟就可叫醒他。是谁把我唤醒呢？王母娘娘？我大姐？还是宿世修来的福报？

先生的兄姐们都说我变了很多，我自己想想，其实也只是回复婚前的健康开朗，单纯清净。学佛后不再受环境和自心所骗，船过水无痕，人事上的挫折、摩擦，只要念头一转，又是鸢飞鱼跃、海阔天空。我深深地体认到书上的至理名言对我这种资质鲁钝的人，还不如当下把念头一转，一句“阿弥陀佛”来得受用。家，绝对是个道具齐全的修行道场，虽然碍于家庭环境，无法亲近善知识、无机会到道场听讲，但是我可以从阅读和录音带中学习，但求小开悟，不求了然顿悟。没有人告诉我是否走对路，因为我常看到“着魔”这两字，就会想到自己因为找到了一本武林秘笈，暗自摸索，没有师父指引，那天气息岔了，走火入魔岂不可怖？其实我并不担心这些：第一，我不求所谓的神通，周遭有很多旧识，是一贯道和道教，能见鬼神（谁知道是不是真的），我深信天下没有白吃的午餐，纵能有些小神通，必定也会付出些代价（只是这样想，我也不懂）。第二，不敢奢求福报。自深信因果轮回和佛教感应后，内心踏实许多，对未来较能坦然接受。我是个单纯鲁钝的人，原本就比较容易快乐，以往的皈依念头，很想尽早成为三宝弟子，这几天才想到那儿找师父呢（够迟钝吧）？因缘可以找的，不过目前是没有这个机会（这也是以往我不快乐的原因，无法出门）。您是否还住在桥仔头呢？真奇怪，我土生土长，在莺歌住了三十几年，一直不喜欢它，只像是个令人又气又烦的兄弟，却又莫可奈何（我执太重？）！

我真心希望能和您一样像个小孩子，或许“赤子之心”也可以学习吧？

敬祝

无忧快乐！

台北县　徐悦梅敬书

徐小姐：

读了您的来信，使我非常感动，很钦佩您的毅力与智慧，可以从那样黑暗的深渊，走到阳光普照的世界里来，这不是人人都能做到的。

我很羡慕一种人，这种人在佛教里叫“童贞入道”，他们在没有经过任何人间的沧桑时，就能以纯净的身心直接进入菩提之路，甚至还有的是“胎里素”，一出生连一口不干净的荤菜都吞不下去。我有一个表妹（舅舅的女儿）就是“胎里素”，而且是“童贞入道”，从前大家都觉得她行为思想怪异，现在我非常崇拜她，因为像这样的修行者要多少万人里才有一位，如果不是前世的愿行，怎么能达到这样的地步呢！

我的这位表妹现在在我家乡（旗山）的市场卖素菜，每次想到她的纯净，都使我惭惶不已，我们不但不是“胎里素”，而且还经过很长一段时间大吃大喝、讲究美食的岁月，我们也不是“童贞入道”，在人间历经风霜与沧桑，才猛然醒转。在这个世界上，进入菩提之道本来就有各种面目，但是能醒就好，多睡了几个小时有什么要紧？能在少年时代听闻佛法立刻顿悟，这是宿世的根器，是令人动容的，非平常人所及。但在经历过生命的大痛大苦之后逐渐清明起来，这也是累世的善缘，是大丈夫行径，更令人感动。

您所经验过的折磨，虽不是一般人能忍受的，却也不是突出的个案，人世里有许多悲惨的事例，只是许多人沉沦其中，没有一个清明的观点来看待罢了，从您的来信，我看到您不只文笔很好、思想清晰、观点也很纯明，特别当我们越过了生命险恶的波涛，回头一望，就能相信金刚经的一首偈多么真实：

一切有为法
如梦幻泡影
如露亦如电
应作如是观

您学佛的态度很正确，其实在家自修，读经、念佛、读书、录音带已经够好了，只要有正知见与慈悲心，就不致于走火入魔了，但是如果能归依、亲近师父当然更好。据我所知，在树林、三峡、大溪附近有许多正信的佛寺，您有空可以去亲近参访，一天就可以来回的。

我很期待您更努力精进一些，这样当您有所开悟，将来一定可以帮助和您从前一样陷入苦境的人，给他们一些最亲切的救济。

最近我已搬离桥仔头，那是因为孩子上学的缘故。我很喜欢那里。其实，您的家乡很不错的，只看您用什么角度来看待它。

林清玄　敬上